中国华电 CHD

U0831095

新能源电力企业安全设施配置规范

Specification for the configuration of safety facilities for new energy power enterprises

中国华电集团有限公司 编

中国电力出版社
CHINA ELECTRIC POWER PRESS

图书在版编目（CIP）数据

新能源电力企业安全设施配置规范 / 中国华电集团有限公司编 . — 北京：中国电力出版社，2022.10（2022.12重印）
ISBN 978-7-5198-7133-8

Ⅰ . ①新… Ⅱ . ①中… Ⅲ . ①新能源—发电厂—安全设备—配置—规范 Ⅳ . ① TM621.9-65

中国版本图书馆 CIP 数据核字（2022）第 186508 号

出版发行：中国电力出版社
地　　址：北京市东城区北京站西街 19 号（邮政编码 100005）
网　　址：http://www.cepp.sgcc.com.cn
责任编辑：刘汝青（010-63412382）
责任校对：黄　蓓　王海南
装帧设计：张俊霞
责任印制：吴　迪

印　刷：北京瑞禾彩色印刷有限公司
版　次：2022 年 10 月第一版
印　次：2022 年 12 月北京第二次印刷
开　本：889 毫米 ×1194 毫米　16 开本
印　张：7.5
字　数：139 千字
印　数：3501—5000 册
定　价：76.00 元

编委会 EDITORIAL BOARD

前言 PREFACE

中国华电集团有限公司始终坚持人民至上、生命至上，全面贯彻新发展理念，坚定不移走清洁、低碳发展道路，着力推动绿色转型。近年来，中国华电集团有限公司大力发展新能源，基地式、规模化开发，集中式、分布式应用。在新能源快速发展的同时，也面临着点多面广、人员配置少、标准规范不全、管控模式多样、管理难度大等新情况新问题，对新能源电力企业持续健康稳定发展构成了威胁。

为从源头上提升新能源电力企业本质安全水平，完善新能源电力企业安全设施配置标准规范，有效筑牢安全基础、防范安全事故，中国华电集团有限公司组织编制了《新能源电力企业安全设施配置规范》（以下简称《规范》）。《规范》对新能源电力企业安全设施配置的基本原则，以及风电（光伏）场站、电化学储能电站安全设施的配置进行了进一步规范明确，图文并茂、直观形象，具有很强的指导性和实用性。

《规范》适用于中国华电集团有限公司系统新能源电力企业前期、设计、建设、运营各阶段。新能源电力企业应按照《规范》要求，结合实际，做好安全设施的配置工作，从本质上提升新能源电力企业安全水平。

编　者

二〇二二年九月

目录 CONTENTS

· 新能源电力企业安全设施配置规范 ·

1 范围

本文件规定了新能源（含电化学储能）电力企业安全设施的基本配置要求和使用规范。

本文件适用于新能源（含电化学储能）电力企业前期、设计、建设、生产运营各阶段安全设施配置。

2 规范性引用文件

下列文件中的内容通过文中的规范性引用而构成本文件必不可少的条款。其中，注日期的引用文件，仅该日期对应的版本适用于本文件；不注日期的引用文件，其最新版本（包括所有的修改单）适用于本文件。

GB 2893　安全色

GB/T 2893.1　图形符号　安全色和安全标志　第 1 部分：安全标志和安全标记的设计原则

GB/T 2893.5　图形符号　安全色和安全标志　第 5 部分：安全标志使用原则与要求

GB 2894　安全标志及其使用导则

GB 4053.3　固定式钢梯及平台安全要求　第 3 部分：工业防护栏杆及钢平台

GB/T 8417　灯光信号颜色

GB 13495.1　消防安全标志　第 1 部分：标志

GB/T 31523.1　安全信息识别系统　第 1 部分：标志

GB 50016　建筑设计防火规范

GB 50140　建筑灭火器配置设计规范

GB 51048　电化学储能电站设计规范

NB/T 10209　风电场工程道路设计规范

3 术语和定义

下列术语和定义适用于本文件。

3.1 安全设施 safety device

为防止生产活动中可能发生的人员误操作、人身伤害或外因引发的设备（设施）损坏而设置的安全标记、安全标志、安全标签、设备标志和安全防护等的总称。

3.2 安全色 safety color

被赋予安全意义而具有特殊属性的颜色，用来传递一定含义的安全信息，包括红色、黄色、蓝色、绿色四种颜色。

3.3 安全标记 safety marking

采用安全色和（或）对比色传递安全信息或者使某个对象或地点变得醒目的标记。

3.4 安全标志 safety sign

通过颜色与几何形状的组合传递通用的安全信息，并且通过附加图形符号用于传递特定安全信息的标志。

3.5 安全标签 safety label

用在设备或物体本体上，局部向观察者告知潜在的一个或多个危险，并描述避免危险所需安全措施或行动的标签。

注：安全标签不能用作工作场所和建筑墙壁上使用的安全标志。

3.6 设备标志 facility sign

标明设备（设施）名称、编号以及标明管道名称、介质、流向等信息的图形或文字标志。

3.7 组合安全标志 combination safety sign

在同一个标志上组合有安全标志和（或）辅助安全信息和（或）危险程度的安全标志。

3.8 集合安全标志 multiple safety sign

在同一个标志上包含两个或多个安全标志，并可同时包含辅助安全信息和（或）危险程度的安全标志。

3.9 安全防护 safety protection

防止外因引发的人身伤害、设备损坏而配置的防护设施和用具。

3.10 警示语 signal word

吸引注意并标明风险类别的词语。

注：警示语包括“危险”“警告”“注意”三种。

4 安全设施配置基本原则

4.1 安全标记配置

4.1.1 安全标记可根据需要采用直接喷涂、制成色带或用带颜色的瓷瓦等方式设置。

4.1.2 各种禁止标志、交通禁令标志、消防设备标志、机械的停止按钮、刹车及停车装置的操纵手柄、机器设备转动部件的裸露部位、仪表刻度盘上极限位置的刻度、危险信号旗等应使用红色。

4.1.3 各种警告标志、道路交通标志和标线、防护罩的内壁、警告信号旗等应使用黄色。

4.1.4 各种指令标志和指示车辆及行人行驶方向的交通标志应使用蓝色。

4.1.5 各种提示标志、机器启动按钮、急救站、疏散通道、安全通道、紧急疏散集合点、避险处、应急避难场所、行人和车辆的通行标志、安全信号旗等应使用绿色。

4.1.6 各种提示消防设备、设施位置标志应使用红色与白色；固定防护栏杆及道路隔离墩等应喷涂红色与白色条纹。

4.1.7 危险机器和坑池周围应标有黄色线条的安全警戒线；平台与下行楼梯连接的边缘处及人行通道高差 300 mm 以上的边缘处应标有黄色线条的防止踏空线。

4.1.8 各种机械工作或移动时容易碰撞的危险部位（如移动式起重机的外伸腿、起重臂端部、起重吊钩和配重）应标注黄色与黑色相间条纹；应用于人行通道高度不足 2m 的障碍物上，应标有黄色与黑色相间条纹的防止碰头线；人行通道地面上临时敷设的管线或易造成人身跌绊的其他障碍物上，应标有黄色与黑色相间条纹的防止绊跤线。

4.1.9 地下设施入口盖板上、灭火器存放处、厂房通道旁边配电室、仓库门口及电源盘前，以及应急通道出入口等处，应标有黄色条纹禁止阻塞线；场站内道路限速区域入口处和弯道、交叉路口处，应标有减速提示线。

4.1.10 升压站硬母线、配电室母线集电线、送出线路、变压器及开关箱、开关柜、检修电源箱等电气设备电源线，均应标有相色，并设置相色标志，A 相为黄色、B 相为绿色、C 相为红色。

4.1.11 绿色与黄色相间条纹表示接地线表面标记。

4.1.12 凡本文件未作规定的，均应执行 GB 2893 的规定。

4.2 安全标志配置

4.2.1 国家相关法律法规、规章和相关标准要求应设置的安全标志必须优先设置；其他安全标志的使用应基于风险评估进行判断，确定工作场所和危险部位的危险源类别以及每个危险源相关联的具体风险。

4.2.2 通过风险评估确定危险源后应首先进行风险控制。首选的风险控制措施应是消除危险源，其次是阻止人员与危险源发生接触。如果上述措施都不可行，或者在采取了上述措施后仍然有残余风险，则应使用安全标志来传递相应的安全信息。在危险源可以被消除并应该被消除时，不宜单纯依靠安全标志来避免风险。

4.2.3 安全标志的设计要求应符合 GB/T 2893.1 的规定，应优先从 GB 2894、GB/T 31523.1、GB 13495.1 等国家标准中选取。当所需安全标志在现行国家标准中没有规定时，宜优先使用通用安全标志和文字辅助标志形成的组合安全标志。

4.2.4 安全标志应确保在最大观察距离内的观察者能够知晓危险源的位置、危险源的性质以及将风险控制到可接受水平所采取的措施。安全标志设置高度与尺寸大小应符合 GB/T 2893.5 的规定，按要求从本文件附录各参数表中选取。

4.2.5 安全标志应设在易于被注意到的醒目位置，宜紧邻危险源或所要标示的设备；具有足够大的尺寸和充足的照明；安全标志与使用环境之间具有足够的对比度；确保安全标志能够始终在观察者的视线范围内，不会出现偶尔被遮挡的情形（不会被门、护栏、植物或其他设备设施及标志遮挡）。

4.2.6 当特定位置需要多个安全标志才能传达完整的安全信息时，多个安全标志及其辅助文字宜位于同一矩形载体上，形成带有辅助文字的表达多个安全信息的集合安全标志。应按警告、禁止、指令、提示类型的顺序，先左后右、先上后下排列。

4.2.7 安全标志的固定方式分附着式、悬挂式和柱式三类。附着式和悬挂式的固定应稳固不倾斜，柱式的标志和支架应牢固地连接在一起。临时设置的标志应采取防止脱落措施，室外设置的临时标志应防止被风吹翻，宜做成双面的标志。

4.3 安全标签配置

4.3.1 引起人员对特定危险的警觉并获知如何避免危险，传递与设备安装、操作、使用、维护和（或）处置等有关安全信息的位置，应设置安全标签。

4.3.2 安全标签需要表示危险的严重程度等级时，应在组合安全标签或集合安全标签上增加危险程度区，应在考虑所涉及的残余风险的同时根据相关规定选择使用。如果在集合安全标签上描述了多个危险且这些危险的风险等级各不相同，则集合安全标签上应使用与最高风险等级对应的危险程度区。

4.4 设备标志配置

4.4.1 设备本体或设备附近醒目位置，应设置设备标志。

4.4.2 设备标志应为双重编号，由设备编号和设备名称组成，企业可根据需要在设备标志中增加设备编码。同一企业内每一台设备的设备标志内容应是唯一的，功能、用途完全相同的设备，其设备名称应保持一致。

4.4.3 2 台及以上集中排列安装的电气等盘（柜）不能只装设 1 个设备标志，应根据每台盘（柜）的不同用途，采用编号加以区别，分别设置设备标志。2 台及以上集中排列安装的前后开门电气等盘（柜），前、后均应设置设备标志，且同一盘（柜）前、后设备标志应一致。

4.4.4 现场动力、控制电缆两端应悬挂标志，标明电缆编号、型号、始点、终点。

4.4.5 现场阀门应设置标志，标明阀门名称、编号及开启、关闭操作方向。

4.4.6 设备压接型接地线地端应有地线接地端标志。

4.4.7 生产场所建筑物入口醒目位置，应设置建筑物标志。

4.5 安全防护配置

4.5.1 工作人员进入生产现场，应根据作业环境中存在的危险因素，穿戴必要的劳动防护用品。

4.5.2 工作场所的井、坑、孔、洞或沟道，应覆以与地面齐平的、坚固的、有限位的盖板。盖板应具有防滑功能。盖板边缘应大于孔洞边缘 100 mm，限位块与孔洞边缘距离不应大于 25 mm ~ 30 mm。

4.5.3 工作场所的升降口、大小坑洞、楼梯和平台临空面，应遵照 GB 4053.3 的相关要求，装设不低于 1200 mm 高的固定式防护栏杆和不低于 100 mm 高的护板。

4.5.4 工作场所步道与设备移动或转动时与构筑物或固定物体之间安全距离不符合要求的区域，用固定式安全网封闭隔离，限制人员通行。

4.5.5 防误闭锁装置应具备防止误分（误合）断路器、防止带负荷拉（合）隔离开关、防止带电挂（合）接地线（接地开关）、防止带地线（接地开关）合断路器（隔离开关）、防止误入带电间隔的功能。

4.6 安全设施制作要求

安全设施的规格、类型与制作标准见附录 A ~ 附录 E。

5 风电、光伏、储能场站安全设施配置规范

5.1 风电机组安全设施

5.1.1 塔筒（架）外部入口上方应设置机组编号标志，并在醒目位置设置“禁止烟火”“未经许可 禁止入内”“必须戴安全帽”安全标志；塔筒（架）内部出口上方应设置“安全出口”标志。塔筒（架）门应有敞开状态的限位装置（如锁销），见图 5-1。

5.1.2 塔筒（架）本体外部醒目位置应标有“请勿靠近 当心落物”“雷雨天气 禁止靠近”字样或在设备安装区域入口醒目位置设置相应的安全标志，见图 5-1。

5.1.3 进出塔筒（架）的钢斜梯和塔筒（架）内钢直梯第一级、最后一级应标有防止踏空线，见图 5-1。

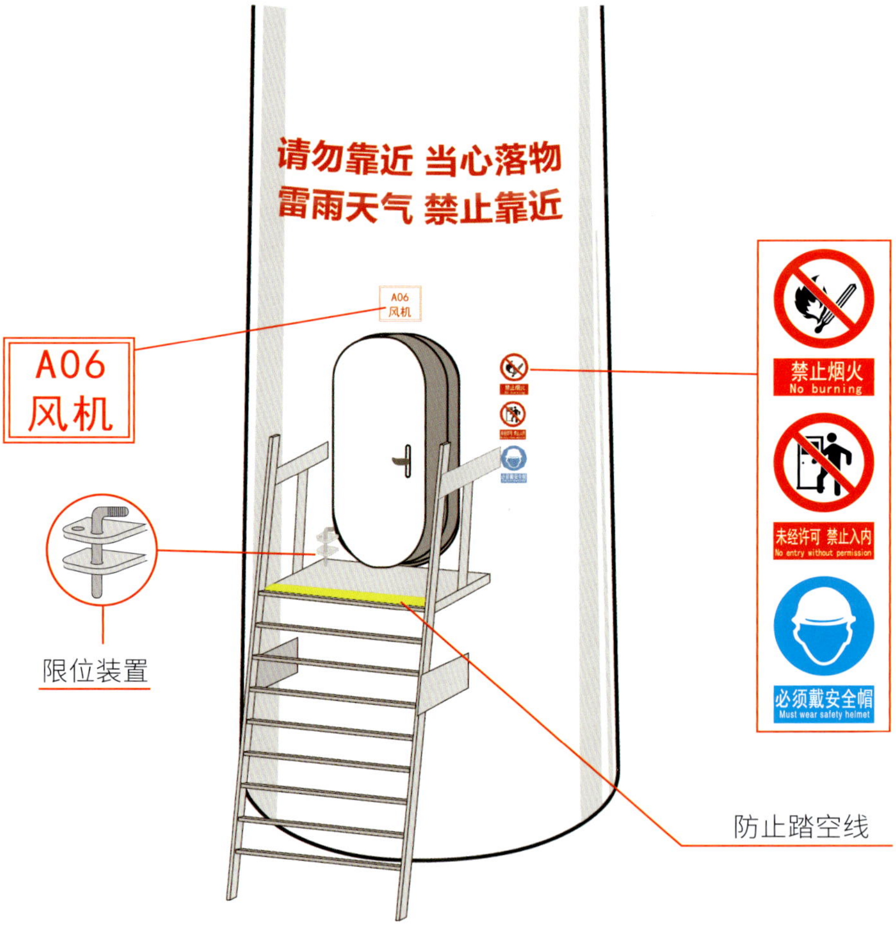

图 5-1 风电机组塔筒外安全标志配置图例

5.1.4　变流器控制柜本体醒目位置应设置“当心触电”安全标志，见图 5-2。

5.1.5　塔筒（架）内部钢直梯第一级平台爬梯旁应设置“风速大于 18 m/s 禁止登机”“禁止两人同时攀爬”“必须切至检修状态方可登机”“必须穿防护鞋”安全标志。各层平台钢直梯旁应设置“盖板未关闭 禁止摘安全带”“必须系安全带 挂攀登自锁器”安全标志。免爬器操作面板旁应设置“操作前必须阅读说明书”安全标志，见图 5-2。

5.1.6　塔筒内部应设置风电机组安全风险告知牌，见图 5-2。

5.1.7　风电机组载人提升装置应检验合格，并在醒目位置设置操作指南，见图 5-2。

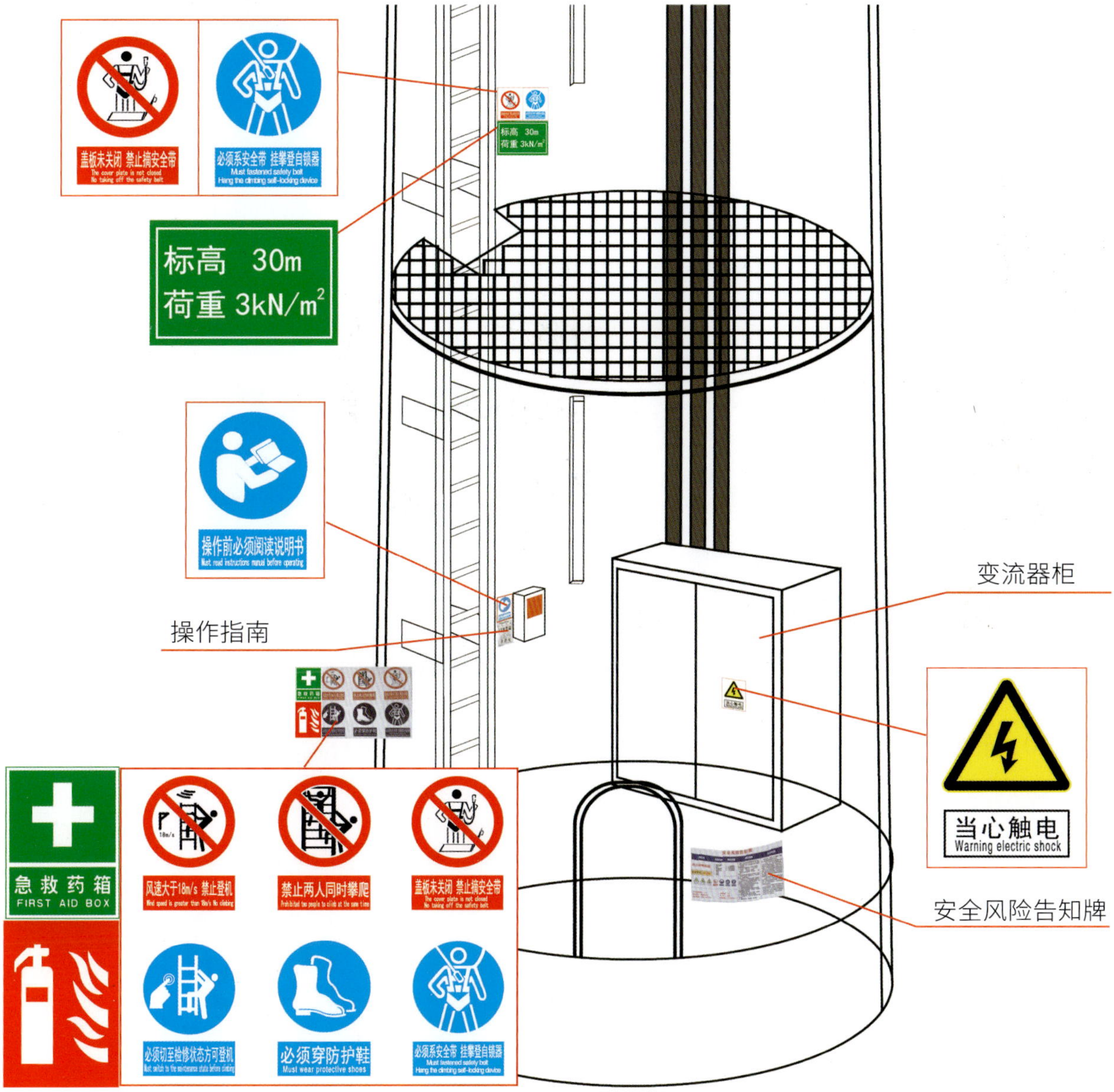

图 5-2　风电机组塔筒内安全标志配置图例

5.1.8　风机各层平台吊装孔应设置固定牢固盖板，并标有禁止阻塞线。吊装口旁醒目位置设置“当心坠落”“禁止抛物”安全标志。吊装口旁应设置悬挂安全带的牢固构件或安全绳，安全带固定点旁应设置“安全带悬挂点”安全标志，见图 5-3。

图 5-3　风机吊装孔安全标志配置实例

5.1.9　机舱内应配置紧急逃生装置，逃生孔正上方应设置易于悬挂紧急逃生装置的定位点，定位点旁应设置“逃生装置定位点”安全标志，醒目位置粘贴紧急逃生示意图及紧急逃生装置使用说明，见图 5-4。

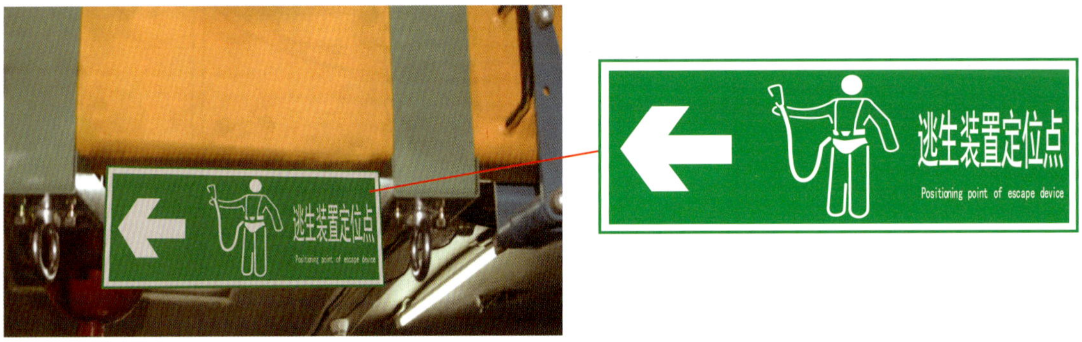

图 5-4　机舱内逃生孔安全标志配置实例

5.1.10　轮毂入口处设置“叶轮锁未锁 禁止进入轮毂”安全标志，见图 5-5。

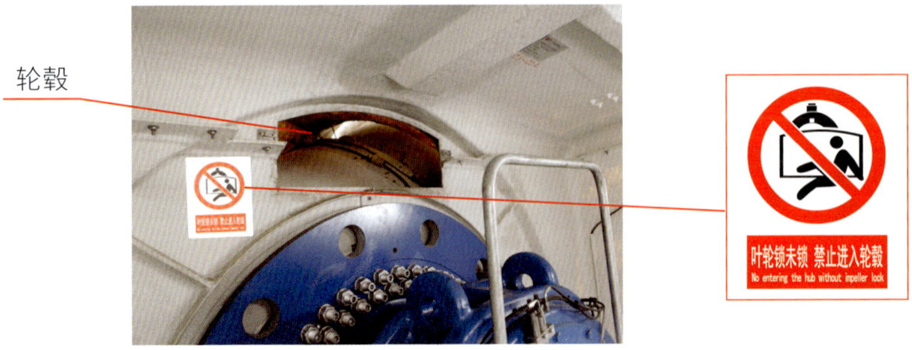

图 5-5　轮毂入口安全标志配置实例

5.1.11　就地变桨操作部位应设置“检修模式 禁止两桨叶同时处于工作位置”安全标签，见图 5-6。

图 5-6　就地变桨操作部位安全标签配置实例

5.1.12　风电机组机舱内应装设火灾报警系统（如烟感探测器），发电机、刹车盘、开关柜等消防安全重点部位应设置自动灭火装置。机舱和塔筒（架）底部平台应配置灭火器，并符合 GB 50140 的规定，见图 5-7。

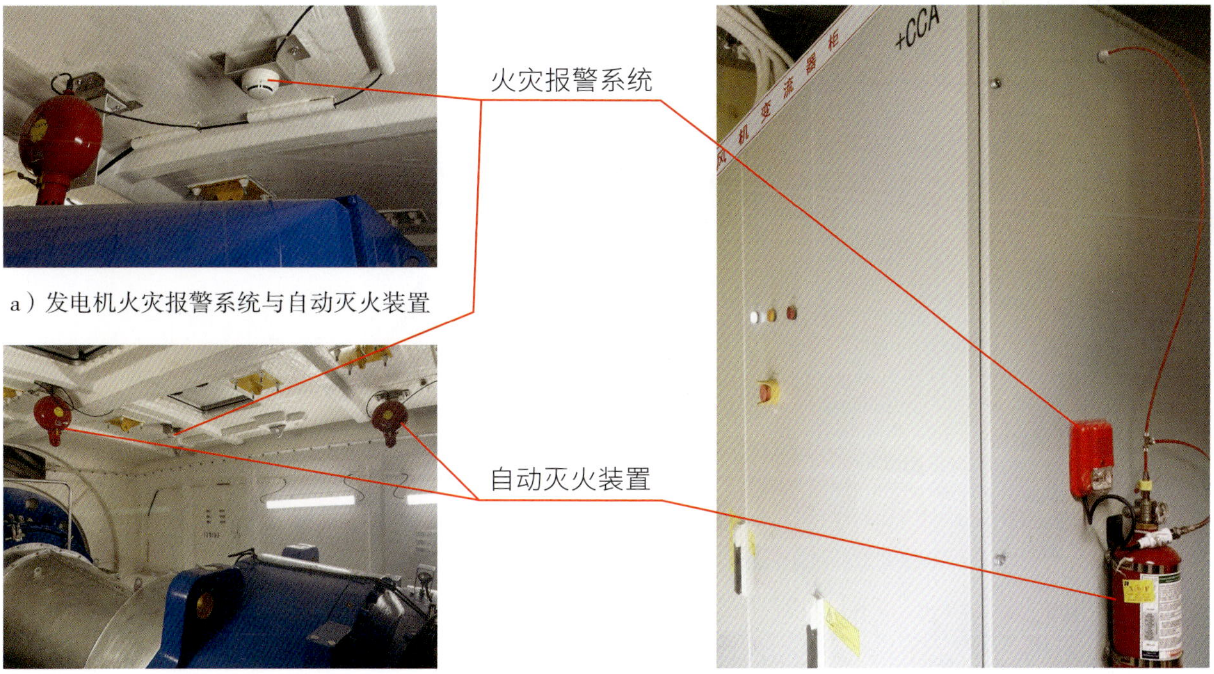

a）发电机火灾报警系统与自动灭火装置

b）机舱火灾报警系统与自动灭火装置

c）变流器柜火灾报警系统与自动灭火装置

图 5-7　风电机组火灾报警系统与自动灭火装置配置实例

5.1.13 风电机组内不应存放易燃物品，机舱保温材料应阻燃。机舱通往塔筒（架）穿越平台、柜、盘等处的电缆孔洞和盘面缝隙应采用有效的封堵措施，且电缆应涂刷防火涂料。动力电缆应采取分段阻燃措施，机舱内应涂刷防火涂料，见图 5-8。

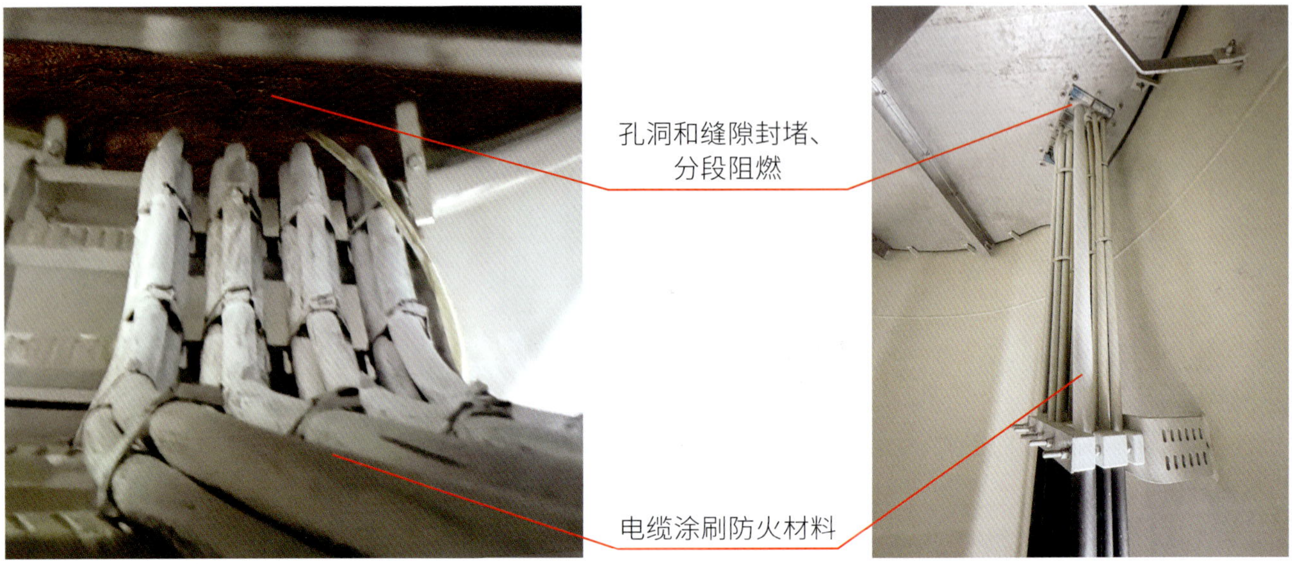

图 5-8　风电机组电缆防火实例

5.1.14 风电机组内易发生机械卷入、轧压、碾压、剪切等机械伤害的作业地点应设置“当心机械伤人”安全标志，外置主轴、联轴器应有坚固可靠的防护罩，并在防护罩上设置“禁止踩踏”安全标志，见图 5-9。

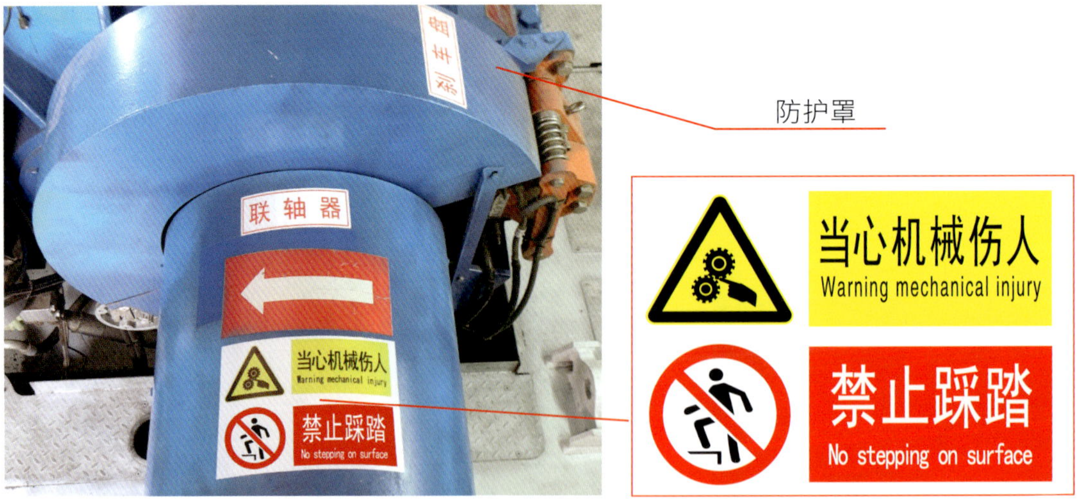

图 5-9　风电机组内机械安全标志配置实例

5.1.15　塔筒（架）平台、机舱的顶部和机舱的底部壳体、导流罩等作业人员工作时站立的承台等应设置标高荷重标志，见图 5-2。

5.1.16　机舱内出舱口旁应设置“必须系安全带”“风速大于 12 m/s 禁止打开”安全标志。机舱外顶部应设置多个安全带和安全绳固定悬挂点，出舱作业人员在任何位置作业，不得失去安全保护，见图 5-10。

图 5-10　机舱出口安全标志配置实例

5.1.17　风机塔筒（架）顶部应配置航空障碍警示灯，见图 5-11。

图 5-11　风机顶部实例

5.1.18　风电机组防触电接地、防雷接地应可靠。机组接地电阻值不应高于 4 Ω；轮毂至塔架底部的引雷通道电阻值不应高于 0.5 Ω，见图 5-12。

图 5-12　风电机组防雷接地实例

5.1.19　塔筒（架）内照明设施应满足现场工作需要，机舱内及各层平台应配置具有事故照明功能的灯具，见图 5-13。

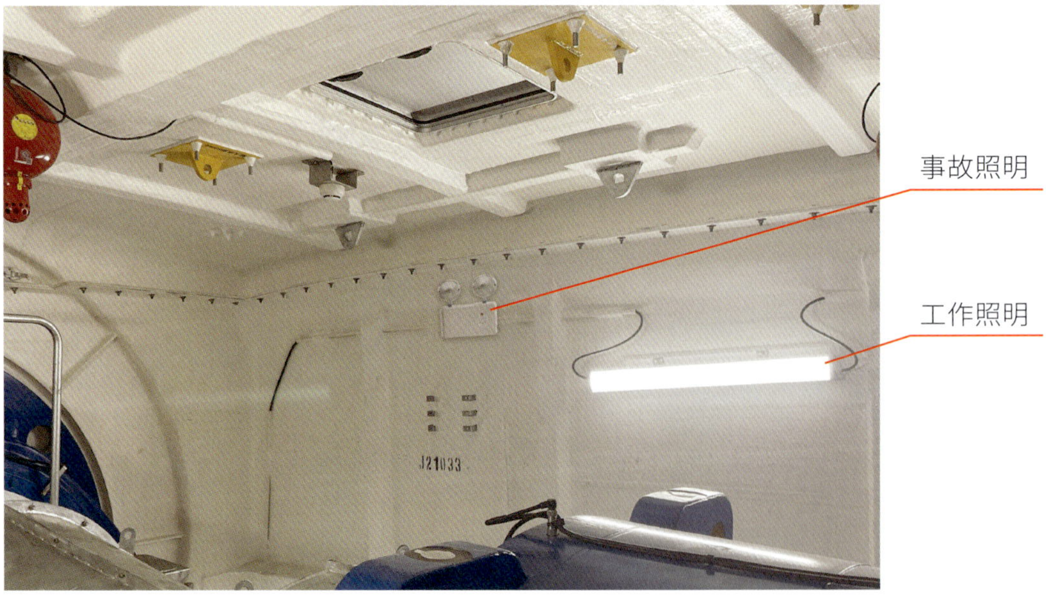

图 5-13　机舱内照明配置实例

5.1.20　海上风电物资装卸、人员上下船或可能发生意外落水造成淹溺事故的场所，应设置救生设备、防护栏杆，以及“当心落水”“必须穿救生衣”安全标志，见图 5-14。

图 5-14　海上风电平台安全设施配置实例

5.2　光伏方阵区安全设施

5.2.1　光伏方阵周围宜设置固定式硬质围栏，围栏上醒目位置应设置“止步 高压危险”“禁止烟火”“禁止翻越”“禁止烧荒”安全标志，见图 5-15。

图 5-15　光伏方阵周围安全标志配置实例

5.2.2 光伏区入口处应设置“未经许可 禁止入内”“必须戴安全帽”安全标志，见图 5-16。

图 5-16 光伏区入口安全标志配置实例

5.2.3 光伏阵列入口处应设置阵列编号标志，以及“当心触电”“当心碰头”“雷雨天气 禁止靠近”安全标志，见图 5-17。

图 5-17 光伏阵列入口安全标志配置实例

5.2.4　草地、山坡、农田等易发生山林火灾地区的光伏方阵，周围应设置防火隔离带，见图 5-18。

图 5-18　防火隔离带实例

5.2.5　光伏支架应可靠接地，光伏板金属边框与光伏支架应可靠连接，接地电阻值小于 4 Ω，见图 5-19。

图 5-19　光伏支架接地实例

5.2.6 光伏发电组件各连接线应固定牢靠，绝缘良好，不得有裸露带电部位，见图5-20。

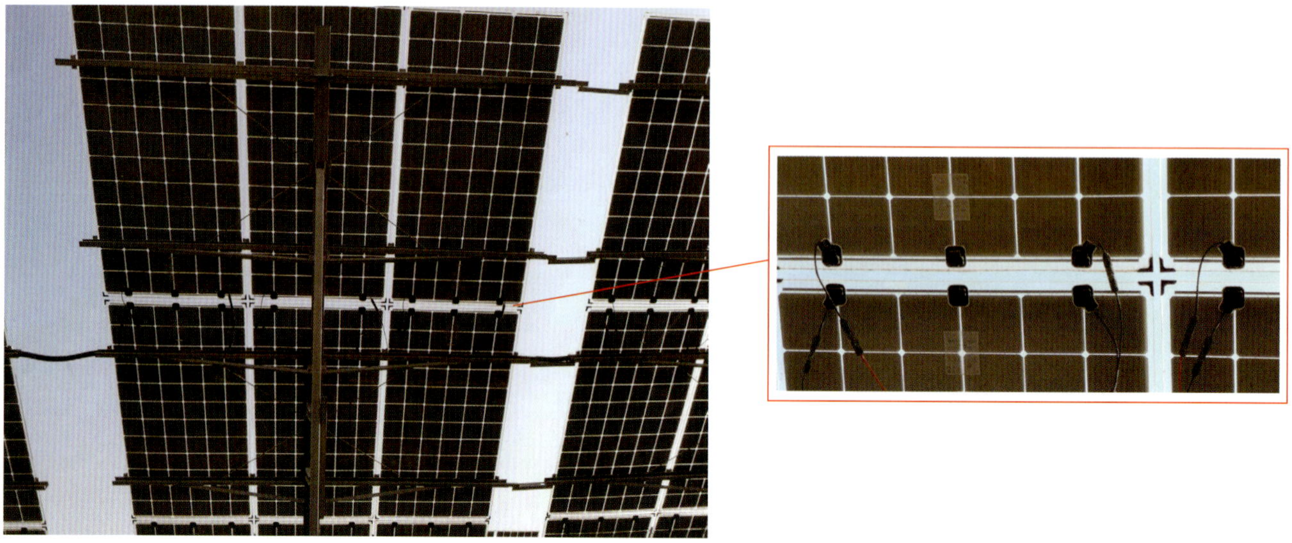

图 5-20 光伏发电组件连接线实例

5.2.7 光伏组件支架及跟踪系统应具有防风、防腐及防湿热等功能，汇流箱等室外电气设备应满足防雷、防水和防高温功能要求。

5.2.8 光伏区逆变器室各通风装置转动部分应装设防护罩，通风机进风口应加装保护滤网。逆变器处应设置足够数量的灭火器材，见图5-21。

图 5-21 光伏区逆变器室配置实例

5.2.9 水面光伏方阵人员上下船、物资装卸等存在人员意外落水的区域，应设置救生设备、防护栏杆，以及“当心落水”“必须穿救生衣”安全标志，见图 5-22。

图 5-22 水面光伏安全标志配置实例

5.2.10 水面光伏方阵交通通道应满足通行、停靠的需要，应设置船只停靠和止挡的安全装置，见图 5-23。

图 5-23 水面光伏通道安全标志配置实例

5.2.11 屋顶光伏方阵巡检、作业人员通行通道应牢固，应设置标高荷重标志。工作场所临空面应设置栏杆或牢固的安全带悬挂点，并设置“当心坠落”“当心易碎屋顶”“禁止抛物”安全标志，见图 5-24。

图 5-24 屋顶光伏方阵安全标志配置实例

5.2.12 攀登屋顶光伏方阵的楼梯入口处应设置“未经许可 禁止攀登”安全标志，见图 5-25。租用的屋顶，爬梯口处应加设门锁。

图 5-25 屋顶光伏方阵楼梯入口安全标志配置实例

5.2.13 屋顶光伏方阵，屋顶坡度超过 10° 时，应设置作业脚踏板，采取防止人员或工具物品滑落的措施。

5.3 电化学储能电站和铅酸蓄电池室安全设施

5.3.1 储能电站应设置围墙。围墙与预制舱式电池室的间距不宜小于 5 m；当小于 5 m 时，应采用实体围墙，高度不低于预制舱式电池室外廓。围墙外侧应醒目标注“储能电站重地严禁烟火”字样，见图 5-26。

图 5-26 电化学储能电站围墙实例

5.3.2 储能电站出入口应装设建筑物标志牌，入口醒目位置应装设“未经许可 禁止入内”“禁止烟火”“禁止使用无线通信”“禁止穿带钉鞋”“禁止穿化纤服装”“必须带气体检测仪”安全标志、“消防安全重点部位”文字标志，以及储能站出入制度和带有“火种箱”标示的火种箱，见图 5-27。

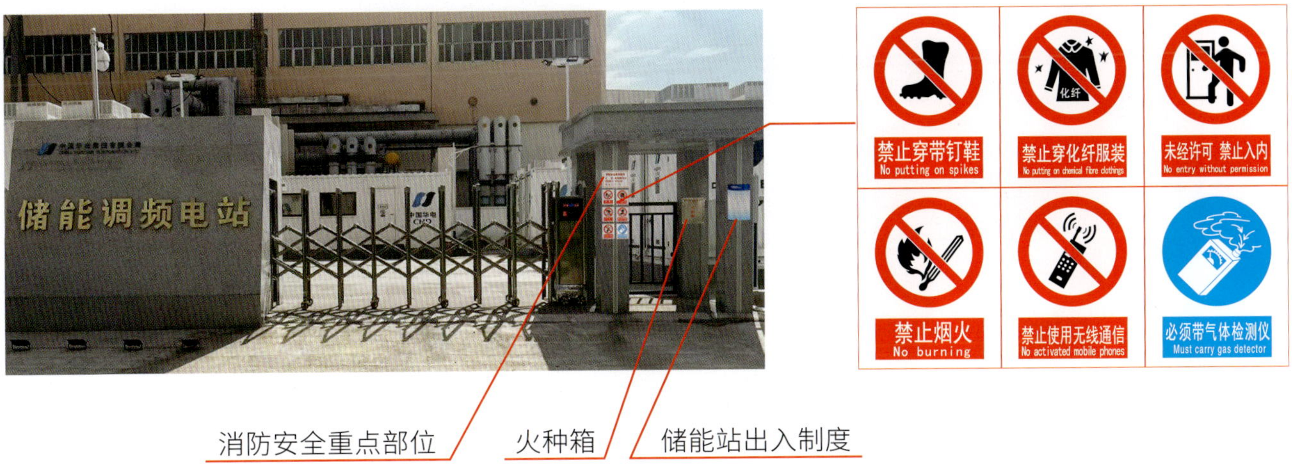

图 5-27 电化学储能电站出入口配置实例

5.3.3　储能电站入口锁应使用碰撞时不产生火花的锁；入口处应装设静电释放器，并在其上悬挂“触摸释放静电”安全标志，见图 5-28。

图 5-28　电化学储能电站入口静电释放器配置实例

5.3.4　储能电站场地内应配置至少 2 路可靠的电池事故处理水源，水源取水池水位应始终保持在 80% 以上。

5.3.5　储能电站运维单位应在有人值班场所或储能电站内，配置不少于 2 套正压式空气呼吸器，见图 5-29。

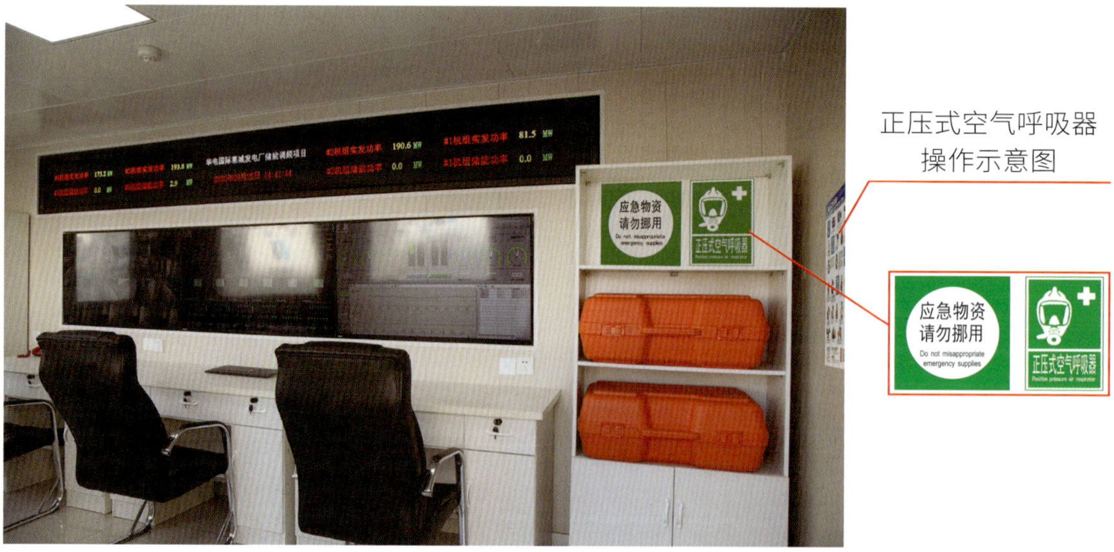

图 5-29　正压式空气呼吸器配置实例

5.3.6　储能电站内配置的火灾自动报警系统和自动灭火系统（采用全氟己酮或七氟丙烷灭火系统，并同步配置消火栓系统），应具有一体化联动防控功能。电池室应配置感烟或吸气式感烟探测器。对于可能产生可燃气体的电池，电池室宜装设可燃气体报警装置，见图 5-30。

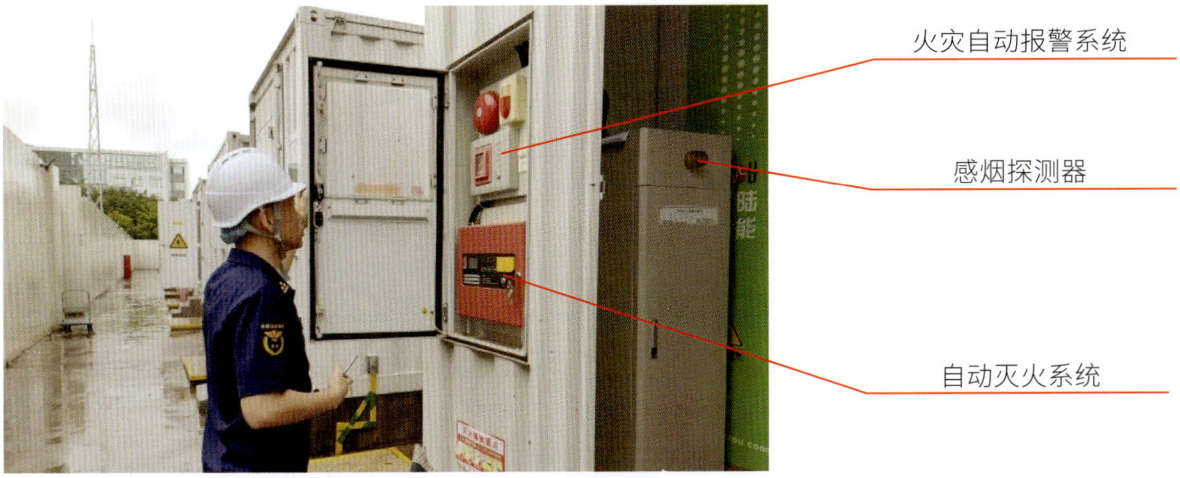

图 5-30　火灾自动报警系统和自动灭火系统实例

5.3.7　储能电站主控通信室、配电装置室、继电器室、电池室、PCS 室、电缆夹层及电缆竖井应配置火灾自动报警系统，见图 5-31。

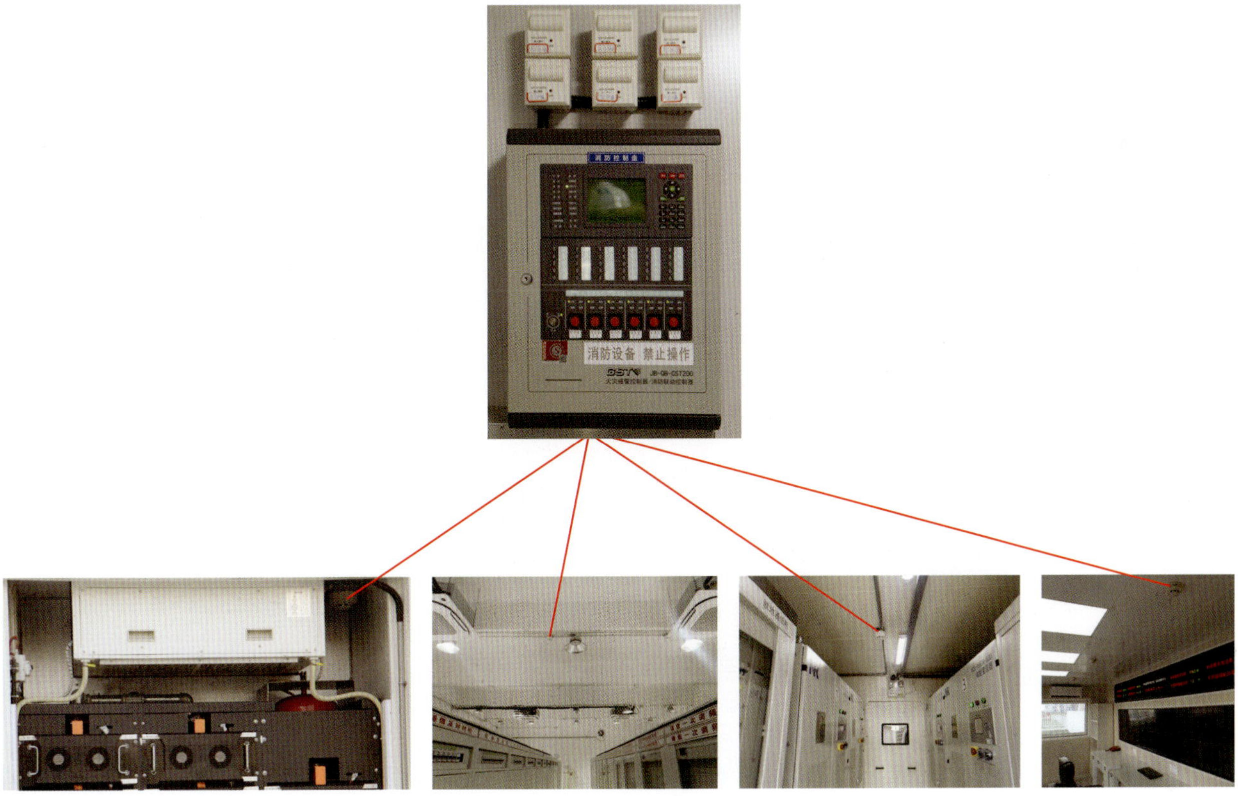

图 5-31　火灾报警控制器配置实例

5.3.8　储能电站消防安全设施应具有消防应急广播联动功能、室内消火栓系统的联动控制功能、防烟排烟系统的联动控制功能、消防应急照明和疏散指示的联动控制功能、防火卷帘联动控制功能和自动喷水灭火系统的联动控制功能。

5.3.9　站区内应装设一定数量的紧急洗眼装置，并在其上方 0.5 m 处装设“紧急洗眼水”安全标志，见图 5-32。

图 5-32　紧急洗眼装置安全标志配置实例

5.3.10　电池室内应采用防爆型照明灯具、排风机、空调机等电气装置，不应在室内装设开关熔断器和插座等可能产生火花的电器。铅酸、液流电池室的照明线应采用耐酸导线，磷酸铁锂电池室的照明线应采用阻燃导线，均用暗线敷设，见图 5-33。

图 5-33　电池室内部实例

5.3.11　预制舱式电池室应单层布置。预制舱之间的防火间距，长边端不应小于 3 m，短边端不应小于 4 m；当采用防火墙时，防火间距不限。防火墙长度、高度应超出预制舱外廊各 1 m，见图 5-34。

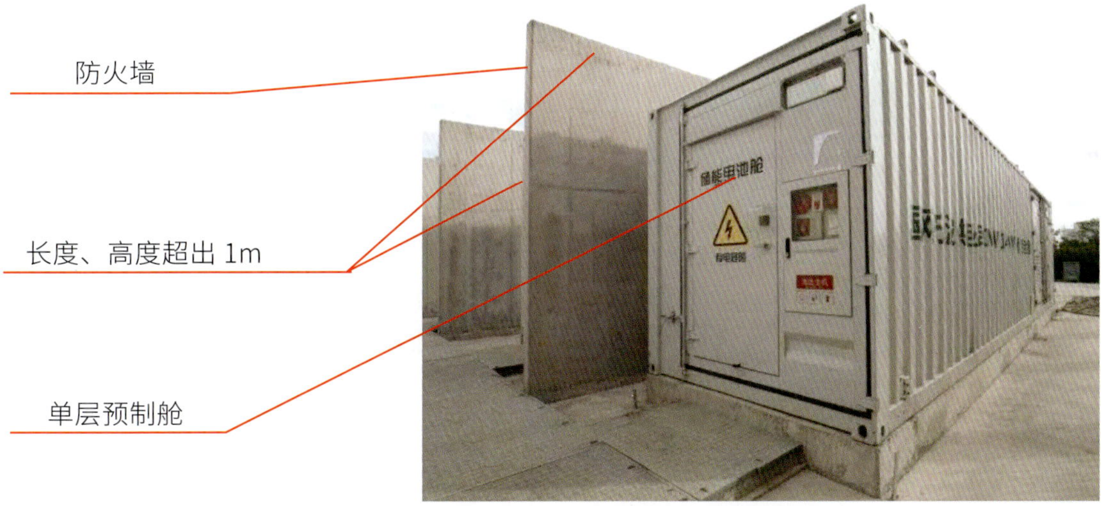

图 5-34　预制舱式电池室防火配置实例

5.3.12　预制舱式电池室所有可以打开的舱门均应上锁，舱内存在裸露带电部位时门锁应有防误闭锁功能。门窗应采用撞击时不产生火花的材料制作，均应向外开启，必须采取防太阳直射的措施。门窗、屋顶、楼板和伸缩缝应能防止雨水侵入，外墙通风孔、穿墙孔洞、百叶窗均应安装网栅，以防小动物进入，见图 5-35。

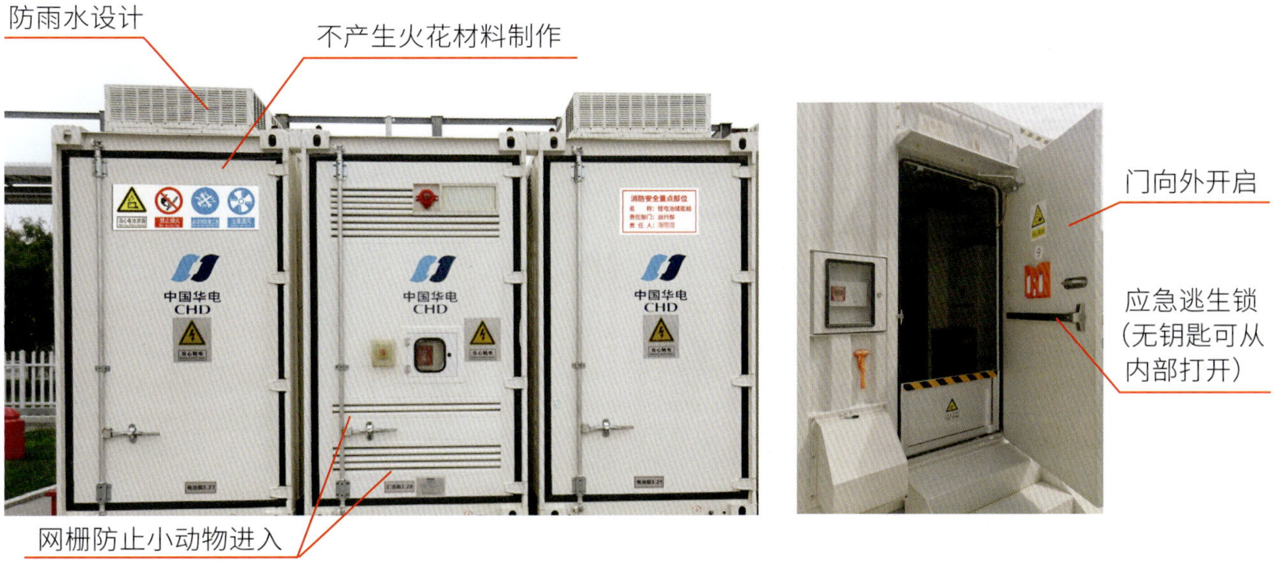

图 5-35　预制舱式电池室配置实例

5.3.13　预制舱式电池室入口醒目位置应设置“当心电池泄漏”“禁止烟火”“注意通风”“必须用防爆工具”“消防安全重点部位”“非工作人员 禁止入内”“设备带电 禁止打开”等安全标志，见图 5-36。室内醒目位置应装设“当心腐蚀”安全标志。

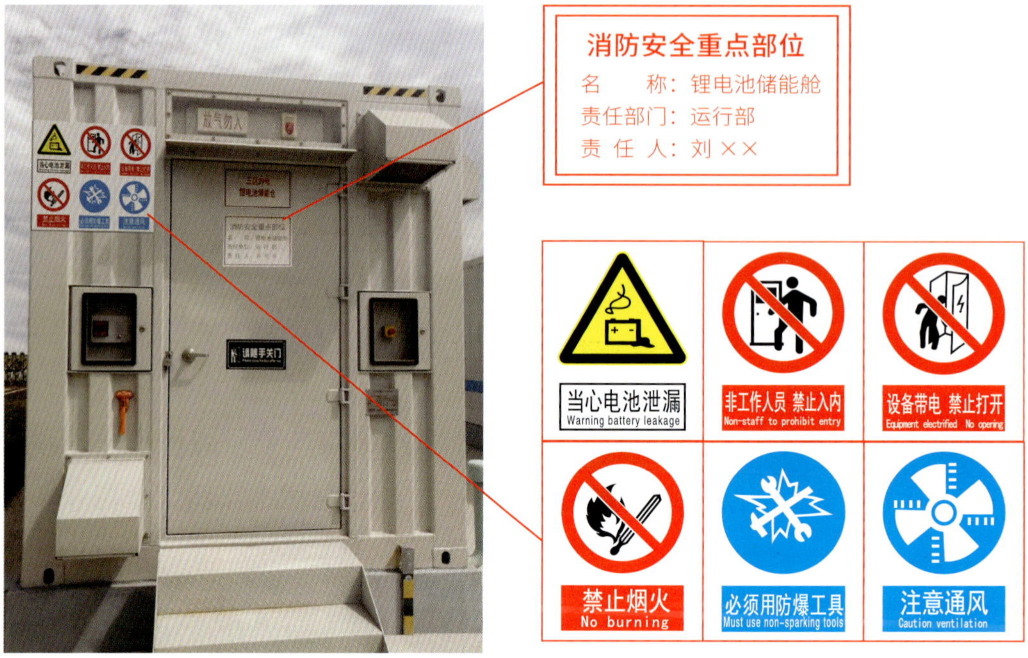

图 5-36　预制舱式电池室入口安全标志配置实例

5.3.14　电池室顶部、上部或外墙的上部应设气窗或排气孔（通风口），通风装置和事故排风装置应具备在室外进行启、停操作的功能。各出风口 10 m 内（含 10 m）有引爆物质场所时，应设通风管，出风口至少应高出该建筑物屋顶 2 m，见图 5-37。

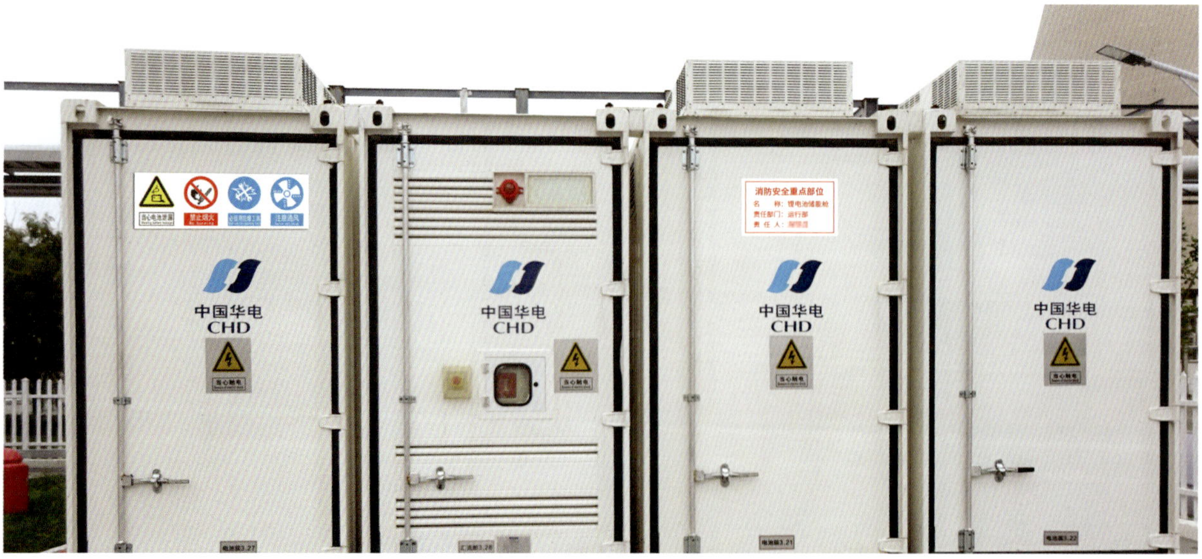

图 5-37　电池室排气设施实例

5.3.15　电池组单元柜外壳应可靠接地，站房式储能系统电池组周围应设置安全警戒线，见图 5-38。

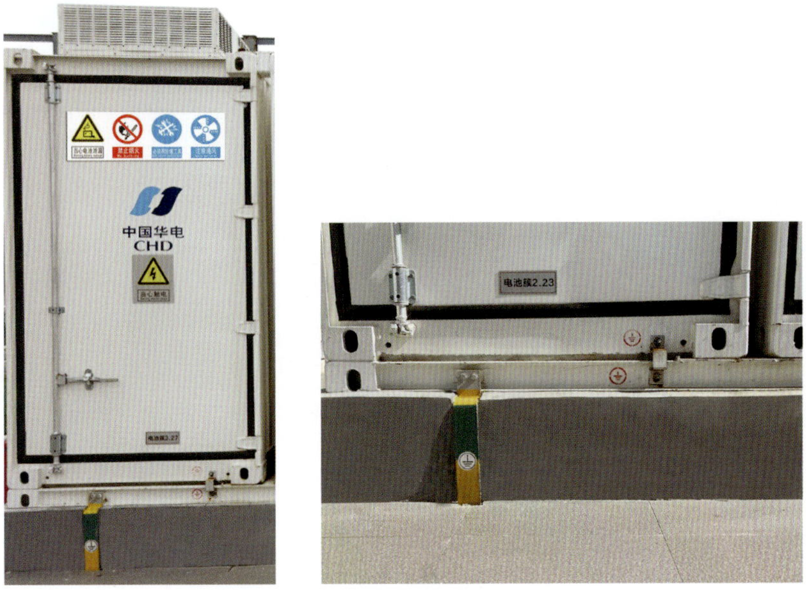

图 5-38　电池组单元柜外壳接地实例

5.3.16　应配备操作、维护常用的铜制或铍铜合金工具。值班室应配备移动式可燃气体探测装置，见图 5-39。

图 5-39　气体探测器实例

5.3.17　电化学储能电站的建筑设计应满足储能电池的防火、防爆、通风要求，还应符合 GB 50016 和 GB 51048 的有关规定。

5.4 升压站安全设施

5.4.1 升压站入口醒目位置应设置“未经许可 禁止入内”“必须戴安全帽”安全标志，见图 5-40，以及安全须知文字标志和标明电压等级、编号的名称标志。

图 5-40 升压站入口安全标志配置实例

5.4.2 升压站内硬母线应标识相色，母线起始、终端杆塔的每相导线旁应悬挂相位标志。线路相位标志应悬挂在龙门架醒目处；母线相位标志应悬挂在母联分段两端；封闭母线或 GIS 相位标志应面向主巡回检查路线粘贴在设备外保护壳上，见图 5-41。

图 5-41 升压站母线名称标志实例

5.4.3　升压站母线两端，面向主巡回检查路线应设置标明电压等级、母线编号的名称标志。标志以柱式装设在地面上时，应位于 B 相龙门架下部，其水平中心线距地面 1.5 m 左右；标志以附着式装设在龙门架上时，应固定在 B 相，见图 5-42。

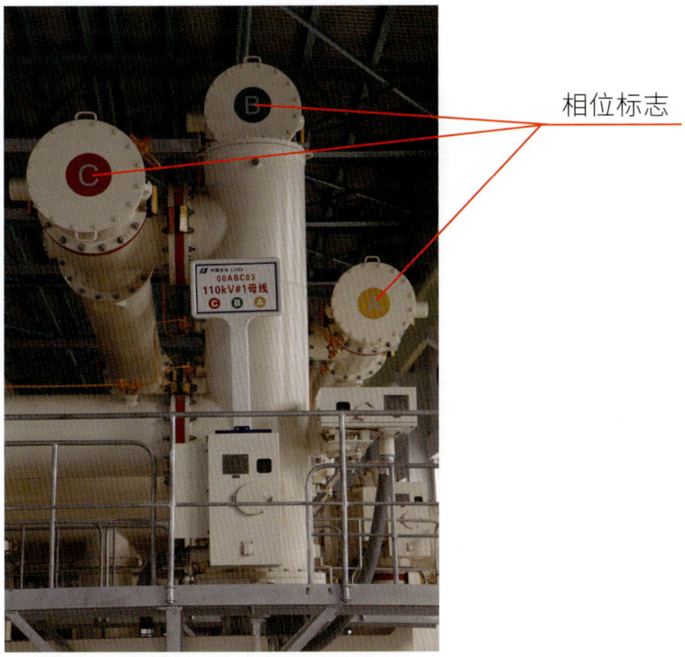

图 5-42　升压站内母线相位标志实例

5.4.4　断路器操作机构箱门醒目位置，应设置设备名称标志；分相操作机构箱门醒目位置，应设置分相操作断路器名称标志，并标明相位，见图 5-43。

图 5-43　断路器操作机构箱名称标志实例

5.4.5　隔离开关面向操作人员的适当位置，应设置设备名称标志。对于手动操作型隔离开关，设备名称标志应设置在隔离开关操作机构上方；对于电动操作型隔离开关，设备名称标志应设置在操作机构箱门醒目位置，见图 5-44。

图 5-44　隔离开关名称标志实例

5.4.6　电流互感器、电压互感器、避雷器等设备应设置设备名称标志。对于三相共支架设备，设备名称标志应设置在支架横梁醒目位置；对于单支架设备，设备名称标志应设置在支架立杆醒目位置，且标志牌下缘距地面 1.5 m 左右；对于安装在地面加独立遮栏的设备，标志牌应设置在遮栏中部醒目位置，且标志下缘距地面 1.5 m 左右，见图 5-45。

图 5-45　设备名称标志实例

5.4.7　接地开关操作机构面向操作人员的适当位置应设置设备名称标志。电动操作接地开关设备名称标志，应设置在操作机构箱门醒目位置，见图 5-46。

图 5-46　接地开关名称标志实例

5.4.8　控制箱、端子箱箱门上部醒目位置，应设置设备名称标志，见图 5-47。

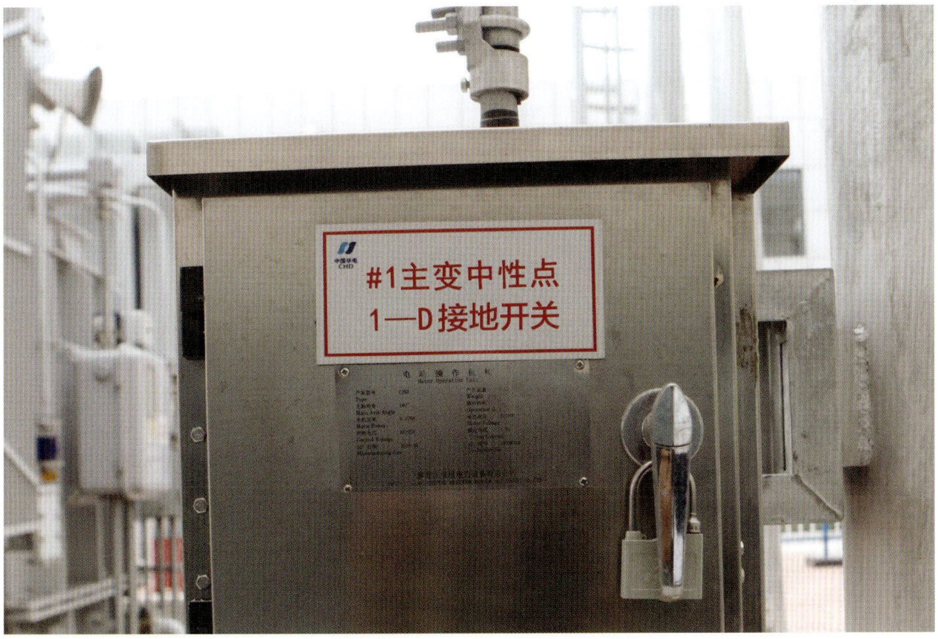

图 5-47　控制箱、端子箱设备名称标志实例

5.4.9 升压站内构架应设置爬梯（在安全距离允许情况下），爬梯应有可靠的接地设施，高于 3 m 的爬梯宜采用防坠装置。禁止攀登的构架距地面 1.5 m 处应装设红色防护门，加锁并悬挂“当心坠落”“禁止攀登 高压危险”安全标志，见图 5-48。

图 5-48 升压站内构架爬梯配置实例

5.4.10 升压站应装设高度不低于 1.5 m 的全封闭固定围栏或围墙，围栏或围墙四周应悬挂“止步 高压危险”安全标志，相邻标志间隔不应超过 30 m，见图 5-49。

图 5-49 升压站围栏安全标志配置实例

5.4.11 室内升压站应为耐火建筑，窗子应常闭，外墙上所有的孔洞均应堵塞或加网栅，门窗、屋顶、楼板和伸缩缝应能防止雨水侵入，金属门窗以及屋内或屋外配电装置的金属结构均应接地。外墙通风孔、穿墙孔洞、百叶窗均应安装网栅，以防小动物进入，见图 5-50。

图 5-50 室内升压站外墙和门窗实例

5.4.12 室内升压站长度大于 7 m 时至少应设有 2 个出口；长度大于 60 m 时，应增加 1 个出口。室内升压站的门应向外开启，必须能够在无钥匙的情况下从内部打开，相邻设备间连通门应选用双向自由门，且不应上锁，见图 5-51。

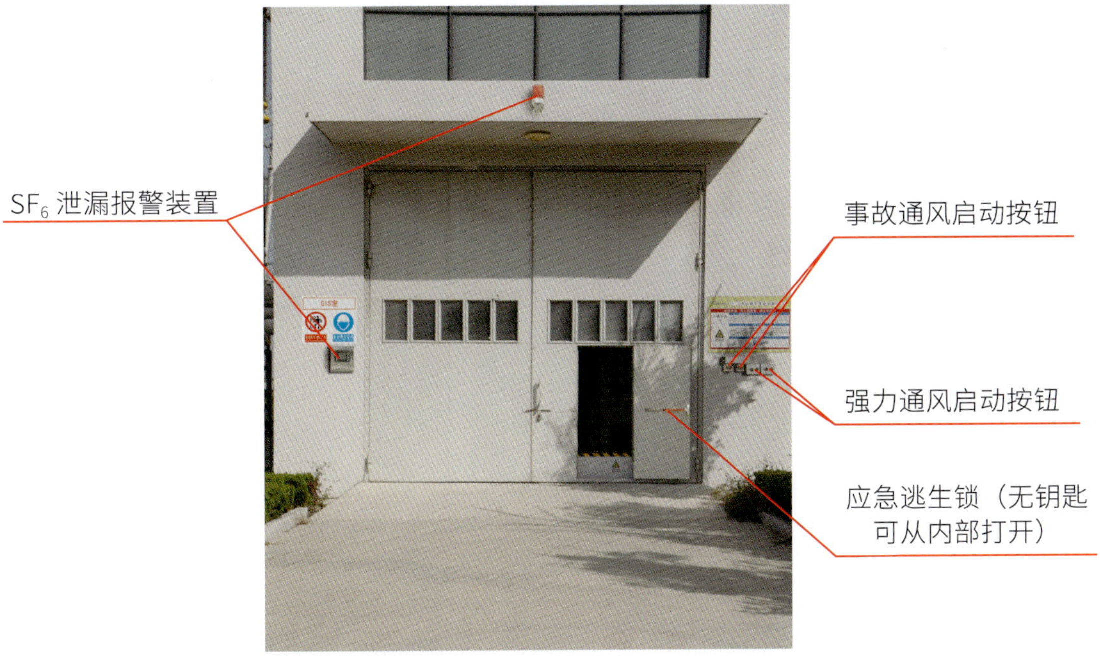

图 5-51 室内升压站出入口配置实例

5.4.13　室内 GIS 室底部应配备 SF_6 泄漏报警和通风口，见图 5-52。应装设强力通风装置，方向应由内向外通风。强力通风和事故通风设备，应在室外进行启、停操作，见图 5-51。

图 5-52　室内 GIS 室通风设备实例

5.4.14　室内升压站裸露带电高压设备的隔离室应装设全封闭防护网，防护网高度应在 2 m 以上，并可靠接地。隔离室出入口醒目位置应设置“未经许可 禁止入内”“止步 高压危险”安全标志。隔离室门应加锁，并装设防误闭锁装置。

5.4.15　室外 GIS 周围应装设全封闭固定围栏，围栏入口醒目位置设置“止步 高压危险”“未经许可 禁止入内”“必须戴安全帽”安全标志，见图 5-53，室内 GIS 室入口醒目位置还应设置“注意通风”安全标志和安全须知文字标志。

图 5-53　室外 GIS 安全标志配置实例

5.4.16　室内 GIS 室 SF_6 设备防爆膜附近醒目位置，应设置“禁止停留”安全标志，见图 5-54。

图 5-54　室内 GIS 室 SF_6 设备防爆膜安全标志配置实例

5.5　输电线路（集电线路）安全设施

5.5.1　杆塔上醒目位置应设置杆塔编号、线路名称标志、三相相位标志。同杆塔双回线路，各条线路应用线路名称标志和色标区别，使登杆塔作业人员能在攀登前和在杆塔上作业时，能明确区分不同的线路。

5.5.2　杆塔根部、基础和拉线牢固，杆塔基础附近应设置“禁止挖掘”安全标志，见图 5-55。

5.5.3　道路上及道路边沿外侧 1 m 内的杆塔基础周围应设置防撞桩，见图 5-55。

图 5-55　杆塔基础安全设施配置实例

5.5.4　脚钉、爬梯等登高设施完整牢固，攀爬点附近醒目位置处应设置“禁止攀登 高压危险”“雷雨天气 禁止靠近”“风速大于 5 级 禁止攀登”“必须戴安全帽”“必须系安全带”安全标志，见图 5-56。

图 5-56　杆塔登高攀爬点安全标志配置实例

5.5.5　杆塔带电部位（跌落式熔断器、电缆接头等）必须与地面人员、植被保持足够安全距离，砍剪树木作业人员或工具必须与杆塔带电设备保持足够安全距离，无法满足要求的部位应加装绝缘防护罩，并悬挂“当心触电”安全标志，见 5-57。

图 5-57　杆塔带电部位与地面距离实例

5.5.6　直埋线路上部和转弯处及接头部位应分别设置路径标志桩，间距应适当，见图 5-58。

图 5-58　路径标志桩实例

5.5.7　城镇居民区、人员出入频繁场所安装的杆塔，应设置“禁止放风筝”“高压危险 禁止靠近”安全标志，见图 5-59。

图 5-59　城镇杆塔安全标志配置实例

5.5.8　河边、池塘等附近安装的杆塔上应设置“高压危险 禁止垂钓”安全标志，见图5-60。

图 5-60　河边杆塔安全标志配置实例

5.5.9　无接地引下线的杆塔装设接地线时，可采用临时接地体。临时接地体的截面积不应小于 190 mm^2。临时接地体埋深不应小于 0.6 m。土壤电阻率较高的地方应采取措施改善接地电阻。

5.6　变压器安全设施

5.6.1　室外油浸式变压器四周应装设高度不低于 1.5 m 的全封闭固定围栏，围栏上应悬挂“止步 高压危险”“禁止翻越”安全标志，出入口应上锁，见图 5-61。

5.6.2　油浸式变压器区域入口醒目位置，应设置“禁止烟火”安全标志和“消防安全重点部位”文字标志。相邻变压器之间按规定设置防火墙，见图 5-61。

5.6.3　面向主巡检路线适当位置，变压器本体上应设置设备名称、编号标志；单相变压器每相应安装注明名称、编号、相别的文字标志；风冷变压器的风冷器上应设置标明编号、名称的设备标志，并且标明风扇转向，见图 5-61。

图 5-61　室外油浸式变压器围栏安全标志配置实例

5.6.4　油浸式变压器事故放油门应加铅封，并设置阀门名称标志和“未经许可 禁止操作”安全标志，见图 5-62。

图 5-62　油浸式变压器事故放油门安全标志配置实例

5.6.5　变压器本体及进（出）线构架爬梯下边缘距地面 1.5 m 处应装设红色防护门（遮栏门），并加锁。防护门（遮栏门）上应悬挂“禁止攀登 高压危险”安全标志，见图 5-63。

图 5-63　油浸式变压器爬梯配置实例

5.6.6　变压器输入侧、输出侧均应标注相色，见图 5-64。

图 5-64　变压器相色标注实例

5.6.7　城镇居民区、人员出入频繁场所安装的箱式变压器，周围应设置固定式硬质围栏，围栏上醒目位置设置“当心触电”“止步 高压危险”“禁止翻越”安全标志，见图 5-65。

图 5-65　箱式变压器安全标志配置实例

5.6.8　箱式变压器周围应设置与基础齐平的作业平台，平台宽度应满足安全作业要求，无障碍物。高位布置的箱式变压器应设置钢斜梯，平台周围应装设固定防护栏杆，见图 5-66。

图 5-66　箱式变压器作业平台实例

5.6.9　箱式变压器各柜门应上锁，高压侧柜门应装设防误闭锁装置。应根据电压等级在箱式变压器柜门上设置“高压侧”“低压侧”“设备带电 禁止打开”“当心触电”安全标签，见图 5-67。

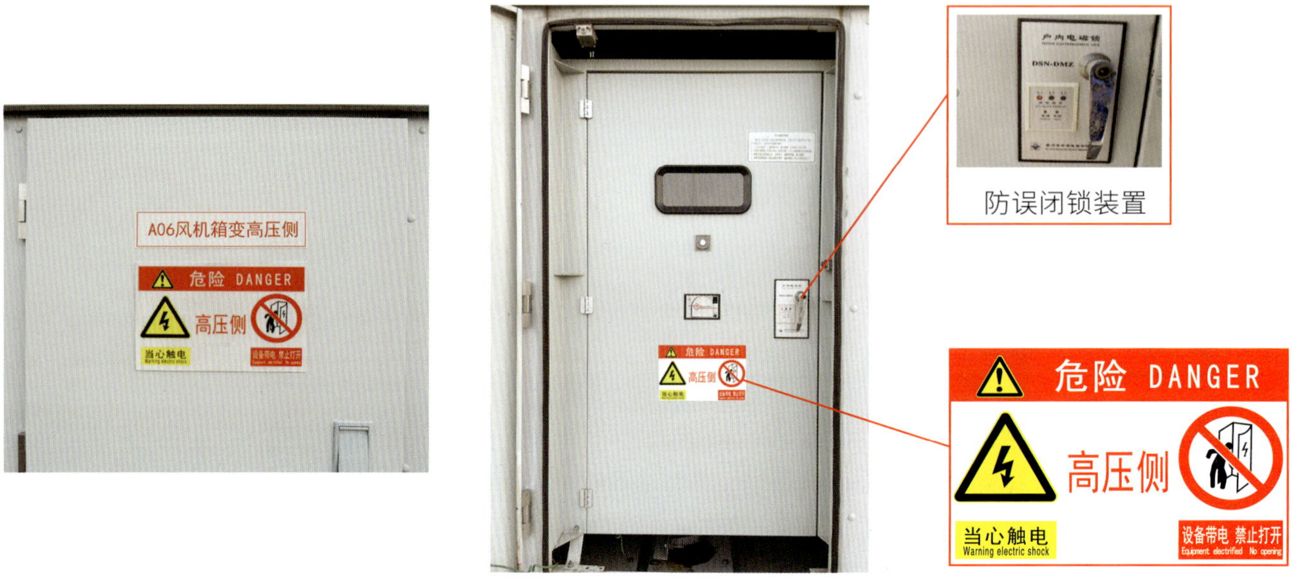

图 5-67　箱式变压器内外柜门配置实例

5.6.10　箱式变压器外壳应可靠接地，接地电阻值小于 4 Ω，见图 5-68。

图 5-68　箱式变压器外壳接地实例

5.7 交、直流配电室安全设施

5.7.1 配电室入口醒目位置，应设置标明电压等级、编号、名称的建筑物标志（直流配电室还应注明电源性质）和“未经许可 禁止入内”安全标志，见图 5-69。

图 5-69 配电室入口安全标志配置实例

5.7.2 配电室出入口门应向外开启，必须能够在无钥匙的情况下从内部打开，见图 5-70。

图 5-70 配电室门实例

5.7.3 长度大于 7 m 的配电室至少应设有 2 个出口，其位置应按从室内任一点到达出口的距离不大于 15 m 进行设置。

5.7.4　配电室通风孔、穿墙孔洞、百叶窗均应安装网栅，以防小动物进入，见图 5-50。

5.7.5　相邻配电室室内连通门应选用双向自由门，且不应上锁。

5.7.6　配电室建筑的耐火等级不应低于二级，窗子应常闭，外墙上所有的孔洞均应堵塞或加网栅，走廊内不应有门槛和台阶，金属门窗以及屋内或屋外配电装置的金属结构均应防锈。

5.7.7　配电室内交、直流配电柜（开关柜）屏前 0.8 m 处，应标有安全警戒线，见图 5-71。

图 5-71　配电室内安全警戒线实例

5.7.8　屏柜的备用间隔应用盖板盖住，盖板上应标有禁止阻塞线，见图 5-72。

图 5-72　备用间隔盖板实例

5.7.9　交直流配电柜（屏）前、后门楣处，应装设设备标志，见图 5-73。

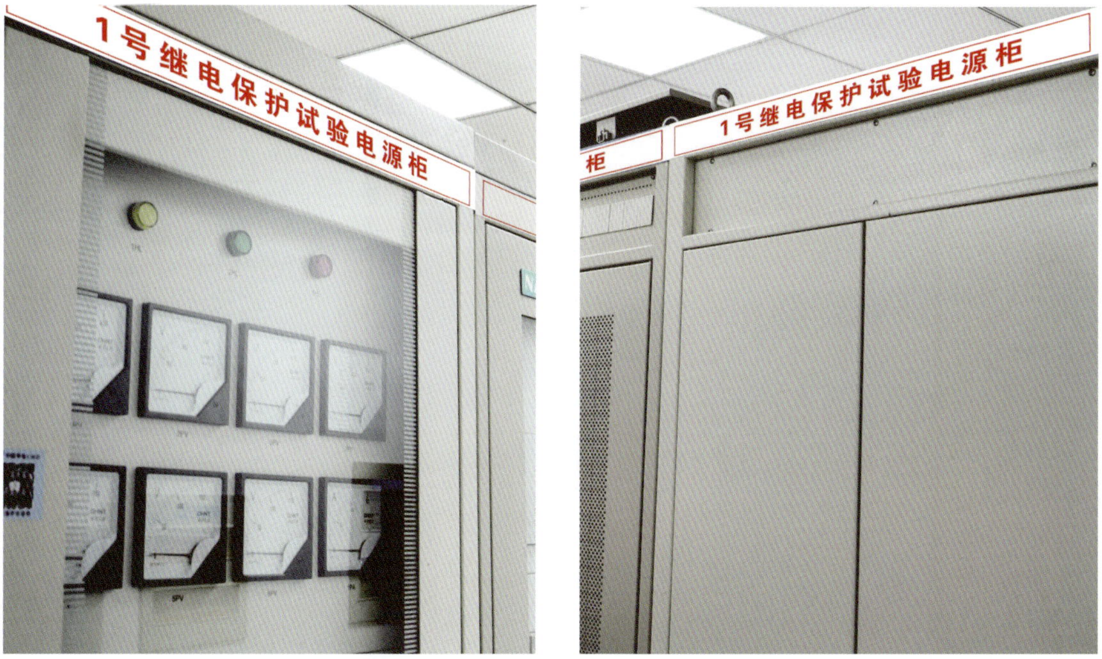

图 5-73　柜（屏）前、后门楣实例

5.7.10　手车式、成套式开关柜柜前及柜后门上，应装设设备标志，见图 5-74。

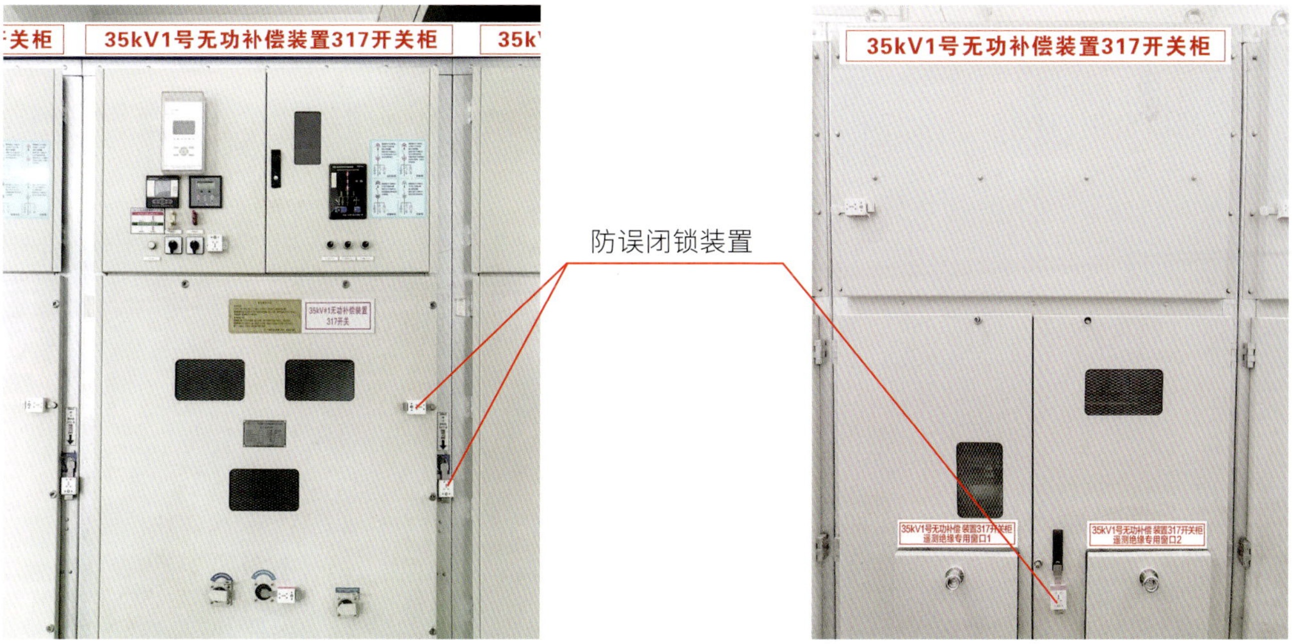

图 5-74　开关柜前、后门楣实例

5.7.11 安装于操作柜面板上的就地控制盘，应有标明设备名称、编号的标志，见图5-75。

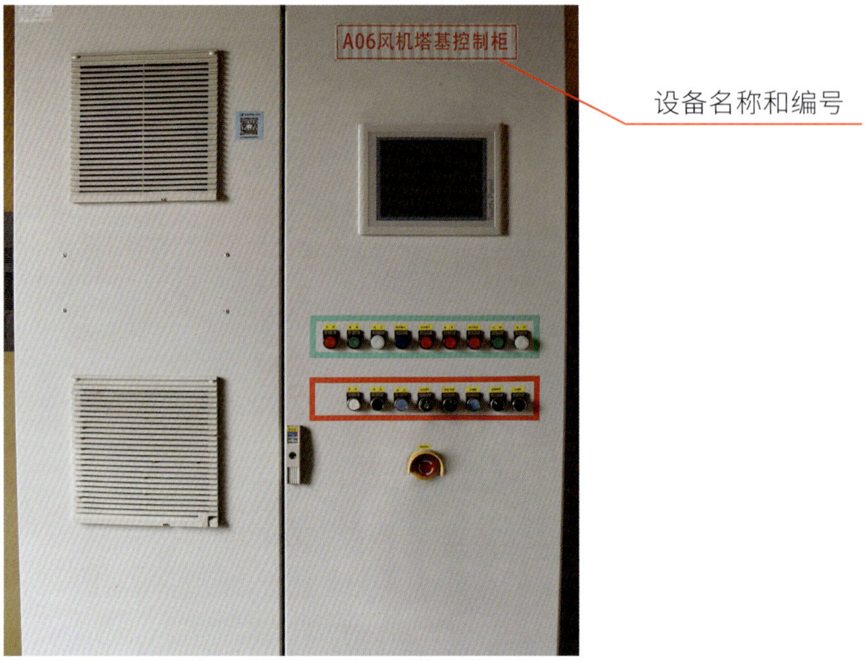

图 5-75 操作柜面板就地控制盘实例

5.7.12 交、直流配电柜（屏）盘面上的仪表、操作按钮、操作手柄，均应有名称标志，见图 5-76。

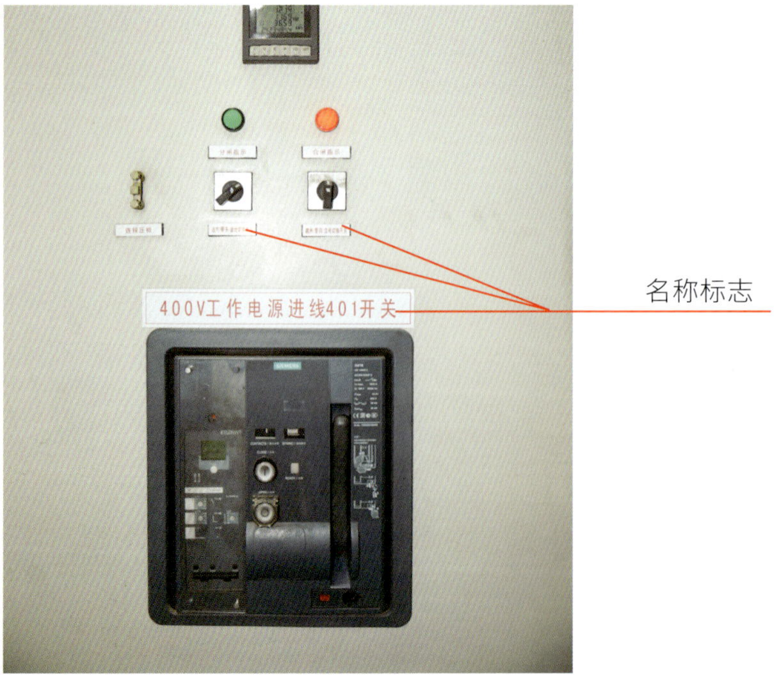

图 5-76 配电柜名称标志实例

5.7.13 配电室硬母线应标明相色，软母线应标明相位，见图 5-77。

图 5-77 配电室母线相位标注实例

5.7.14 配电室应安装事故通风设备，通风机应能在配电室外进行启、停操作。室内装有 SF_6 断路器应配置气体监测装置并能联动，见图 5-51。

5.7.15 敞开式配电盘（柜）、控制屏、保护屏应装有防止人员误碰带电设备的防护网、防护栏杆或防护门，并在其醒目位置设置“当心触电”安全标志。

5.7.16 交、直流配电柜（屏）应设置使用钥匙才能打开的门锁，柜内人员易碰触的裸露带电部位必须采取隔离措施，见图 5-78。6kV 及以上电气设备柜门应装设防误闭锁装置，见图 5-74。

图 5-78 交、直流配电柜内裸露带电部位隔离措施实例

5.8 SVG 无功补偿装置安全设施

5.8.1 SVG 装置应单独布置，并装设全封闭防护网与其他电气设备隔开，防护网高度应在 2 m 以上，并可靠接地，见图 5-79。

5.8.2 SVG 隔离室出入口醒目位置应设置“止步 高压危险”“未经许可 禁止入内”“必须穿戴绝缘防护用品”“必须停电 30 分钟后方可打开”安全标志，以及设备名称、编号标志，见图 5-79。

图 5-79 SVG 装置配置实例

5.8.3 SVG 隔离室门应加锁，并装设防误闭锁装置，见图 5-80。

图 5-80 SVG 隔离室门配置实例

5.8.4 集装箱式 SVG 外壳防护等级应不低于 IP54，外壳应使用牢固阻燃绝缘材料，并可靠接地，见图 5-81。

图 5-81 集装箱式 SVG 外壳接地实例

5.8.5 集装箱式 SVG 装置外壳所有可以打开的柜门（含控制柜）均应上锁，安装防误闭锁装置，其他柜门均应用螺钉固定，见图 5-82。

图 5-82 集装箱式 SVG 外壳柜门实例

5.8.6　集装箱式 SVG 装置各柜门上应设置“高压危险 禁止打开”“必须停电 30 分钟后方可打开”安全标签，以及安全须知文字标志，见图 5-83。

图 5-83　集装箱式 SVG 装置柜门安全标志配置实例

5.9　主控室、继电保护室安全设施

5.9.1　出入口醒目位置设置“禁止烟火”“未经许可 禁止入内”“禁止使用无线通信”安全标志、“消防安全重点部位”安全标志。安全出口上方设置“安全出口”安全标志，见图 5-84。

图 5-84　主控室出入口安全标志配置实例

5.9.2　继电保护室应设置不少于 2 个安全出口，主控室和继电保护室一起时或继电保护室和配电室一起时，各联络门应为双向自由门，并设置名称标志。

5.9.3　主控室内应在醒目且便于取用位置配备正压式空气呼吸器，并设置正压式空气呼吸器使用说明，见图 5-29。

5.9.4　主控室、继电保护室内控制盘（台）、端子柜、保护柜等其他设备的安全设施参照配电站交、直流配电柜（屏）执行，见图 5-85。

图 5-85　主控室内部实例

5.10　电缆安全设施

5.10.1　电缆穿墙进出两端和防火墙两侧应涂刷防火涂料或其他阻燃物质，防火涂料应涂刷均匀，涂刷厚度应符合要求，并保证其有效性，见图 5-86。

图 5-86　电缆穿墙防火实例

5.10.2 多个电缆头并排安装时，应在电缆头之间加隔板或填充阻燃材料。

5.10.3 电缆中间接头盒的两侧及其邻近区域，应增加防火包带等阻燃措施，见图 5-87。

图 5-87 防火包实例

5.10.4 电缆敷设在易积粉尘或易燃的地方时，应采用封闭电缆槽或穿电缆保护管。场站内电缆桥架宜采用全封闭式桥架，见图 5-88。

图 5-88 全封闭式桥架实例

5.10.5　电缆沟和电缆桥架穿越墙壁、楼板、柜、盘等通往控制室、开关室等处的所有电缆孔洞和盘面之间的缝隙（含电缆穿墙套管与电缆之间的缝隙），应采用合格的不燃或阻燃材料严密封堵，见图 5-89。

图 5-89　防火泥封堵实例

5.10.6　电缆沟道每隔 60 m 划分防火隔段，每个防火隔段应用合格的防火材料封堵，封堵位置上部盖板应标注“防火墙”字样，见图 5-90。

图 5-90　电缆沟防火墙实例

5.10.7　电缆沟内部要保持干燥、清洁，无积水，室外电缆沟沟壁边缘和排管的人孔宜高出地坪约 100 mm，盖板及入口应做好防水措施。防火墙两侧宜设置可观察电缆沟内部情况的透明盖板，见图 5-91。

图 5-91　电缆沟透明盖板实例

5.11　转动机械安全设施

5.11.1　转动设备联轴器上应加装牢固的红色防护罩，防护罩的大小应全部罩着联轴器转动部分及联轴器连接的螺栓，防护罩上应标注设备转动方向，方向标志应为白色，见图 5-92。

图 5-92　转动设备联轴器配置实例

5.11.2 落地安装的转动机械周围（0.8 m）应标设安全警戒线，见图 5-93。

图 5-93 安全警戒线实例

5.11.3 电动机应装有良好的接地装置，接地点应明显，禁止用电缆套管代替接地装置，见图 5-94。

图 5-94 电动机接地装置实例

5.11.4　电动机接线盒上应装设“当心触电”安全标志，见图 5-95。

图 5-95　电动机接线盒安全标签配置实例

5.12　起重设备安全设施

5.12.1　流动式起重机基本臂两侧应在适当位置标注“起重臂下　严禁站人”的文字标志，回转尾部两侧应在适当位置标注“作业半径内注意安全”的文字标志，见图 5-96。

图 5-96　流动式起重机配置实例

5.12.2　起重机上外露的、有伤人可能的活动零部件，如开式齿轮、联轴器、传动轴、链条、传动带、皮带轮等，均应装设防护罩。

5.12.3　起重机金属结构及所有电气设备的外壳、管槽，电缆金属外皮和变压器低压侧，均应有可靠的接地。在轨道上工作的起重机，一般通过车轮和轨道接地，必须时应另设专用接地滑线或采取其他的有效措施。

5.12.4　在地面操作的起重机的操作器，控制电缆线应装设抗拉线，见图 5-97。

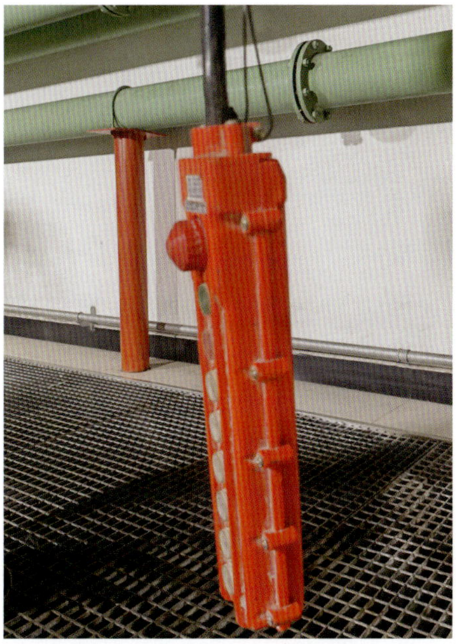

图 5-97　抗拉线实例

5.12.5　起重机械吊钩应设有防止吊重意外脱钩的保险装置，见图 5-98。

图 5-98　防脱钩装置实例

5.12.6　高于 30 m 室外作业起重机械顶端应装设红色障碍灯，灯光标志颜色应符合 GB/T 8417 中规定的红色色品范围。

5.12.7　起重机械装设超载限制器后，应根据其性能和精度情况进行调整或标定，当起重量超过额定起重量时，能自动切断起升动力源，并发出禁止性报警信号。

5.12.8　起重机械醒目位置应标明额定载荷，属于特种设备的应在醒目位置粘贴安全检验合格证。

5.12.9　电动葫芦每个运动方向应装有限位装置、制动装置，轨道上装有止挡器。

5.12.10　电动葫芦的操作电源箱或操作遥控器存放处应上锁，箱门上或附近醒目位置应贴有安全操作规定。

5.12.11　厢式电梯应装设电梯安全使用注意事项文字标志牌。电梯内应有通风装置、超限报警装置、照明装置、救援电话及号码、紧急呼救按钮，并应贴有专业部门检验合格的安全检验合格证。电梯门上应设置“严禁扒门”“严禁超载”“请勿在厅门停留”“严禁打闹蹦跳”“严禁靠门”“严禁乱动按钮”安全标志。

5.13　道路交通安全设施

5.13.1　根据道路实际状况设置交通指示标志，指引车辆安全行驶。

5.13.2　禁止车辆驶入的路段，入口处应设置“禁止驶入”标志，见图 5-99。

图 5-99　禁止车辆驶入路段安全标志实例

5.13.3　管道、涵洞、架空线路等限制高度的地方，应设置限制高度的标志。

5.13.4　场内主干道、道路道口、交叉口、下坡、人行稠密地段，应根据路况设置限速标志，见图 5-100。

图 5-100　限速标志实例

5.13.5　在桥梁、地下管沟、电缆沟、涵洞等有限制重量的地方，应设置限制重量的标志。

5.13.6　在交通拥挤地点、广场或施工区域进行挖掘沟道、井坑、基坑工作，应在其周围设置围栏，夜间装设警示灯。

5.13.7　影响驾驶人员观察视线的转弯地段应设置反光镜，见图 5-101。

图 5-101　反光镜设置实例

5.13.8 进场道路和检修专用道路应符合安全行驶条件，无坍塌隐患，宽度、坡度、转弯半径等应符合 NB/T 10209 的要求；山体（悬崖）等临空面应设护栏或防撞墩，见图 5-102。

图 5-102 护栏实例

5.13.9 检修、巡检用车应满足安全使用要求，车灯、转向灯、喇叭、刹车等装置应齐全良好。

5.14 工器具安全设施

5.14.1 工器具应在适当位置贴上“试验合格证”标签，注明名称、编号、试验日期、试验人、下次试验日期。

5.14.2 安全帽的帽壳上应有以下永久性标志：标准编号，制造厂名，生产日期（年、月），产品名称（由生产厂命名），产品的特殊技术性能（如果有），见图 5-103。

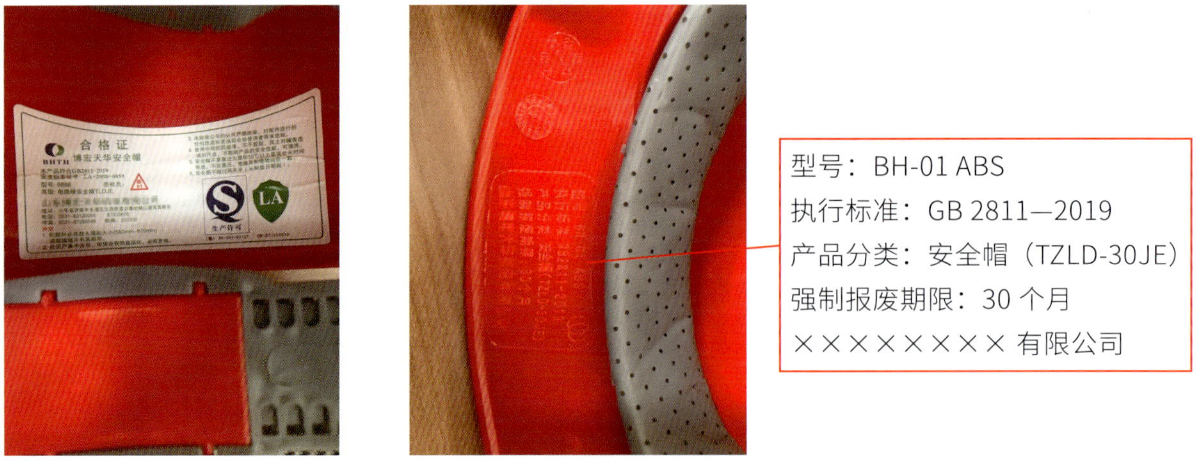

图 5-103 安全帽永久性标志实例

5.14.3 安全带金属配件上应有制造厂的代号，带体上应有永久性的商标、合格证；应每年按批次进行静荷重试验。

5.14.4　绝缘操作杆、验电器、携带型短路接地线等必须经过定期试验合格，应放在避光的工器具柜内，绝缘手套应套在木手或专用支架上。接地线应悬挂接地线标志，存放位置应设置或张贴接地线存放地点标志，见图 5-104。

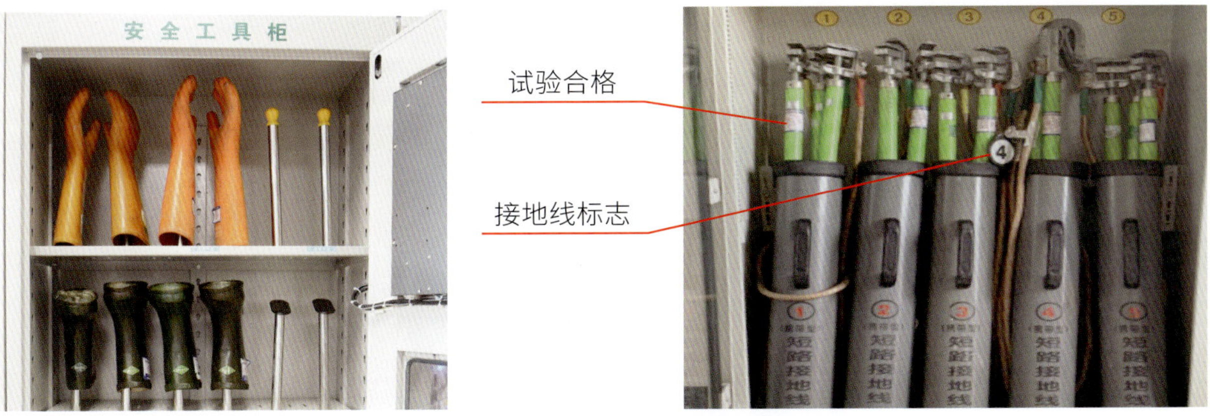

图 5-104　绝缘工器具实例

5.14.5　砂轮机必须装有用钢板制成的、有足够强度的防护罩。手提电动砂轮、坡口机，选用可调式砂轮防护罩，其圆周和侧面的最大外露角不应大于 180°，见图 5-105。

图 5-105　砂轮机实例

5.14.6　电焊机外壳应有明显的接地标志，裸露的导电部位和转动部分应装设防护罩。

5.14.7　钢丝绳或吊装带均须在通风良好、不潮湿的室内保管，应放置在架上或悬挂好。钢丝绳应定期上油，合成纤维或吊装带（聚酰胺、聚酯、聚苯烯等）应在避光和无紫外线辐射的条件下存放。

5.14.8　各种类型的吊带（如带软环的单吊带、带末端件的单吊带、复式吊带、多层吊带、环形吊带等），均应有制造厂家的技术规范，否则不得用作起重吊具。新吊带应做负荷试验。

5.15 应急设施

5.15.1 场站应保持与地方气象、地质灾害预警信息渠道的畅通，根据所处地域实际情况，配备必要的应急通信器材（如卫星通信电话）及求救信号发射器（信号枪）等设备，并设置“应急电话”安全标志，见图 5-106。

图 5-106 应急通信器材实例

5.15.2 生产场所的逃生路线、应急出口应有明显的标识，严禁堵塞、锁闭应急出口。

5.15.3 根据有限空间作业特点，应配备相关的便携气体检验仪、呼吸器、防毒面罩、通信设备、安全绳索、多功能救援三脚架等应急装备和器材，存放位置应设置“应急物资 请勿挪用”标志和使用说明等，见图 5-107。

图 5-107 应急装备和器材实例

5.15.4　主控制室、配电室、继电保护室、蓄电池室等工作场所应配有应急照明，见图5-108。

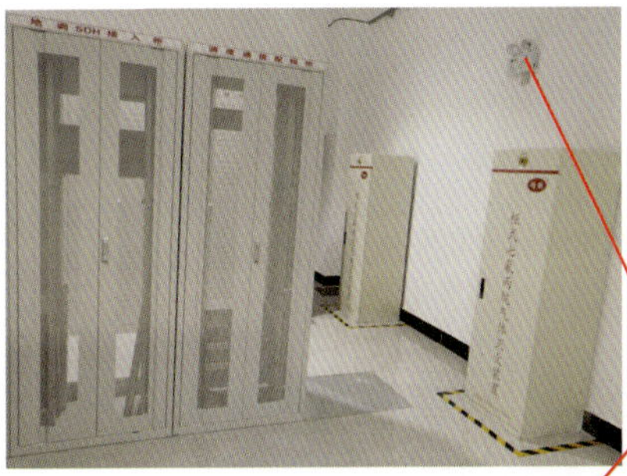

a）继电保护室

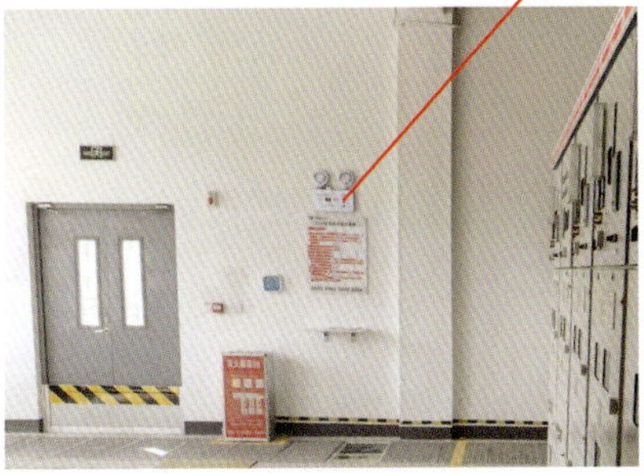

b）配电室

c）蓄电池室

图 5-108　应急照明配置实例

5.15.5　主控室内应在醒目且便于取用位置配备自动体外除颤器，并设置安全标志，见图5-109。

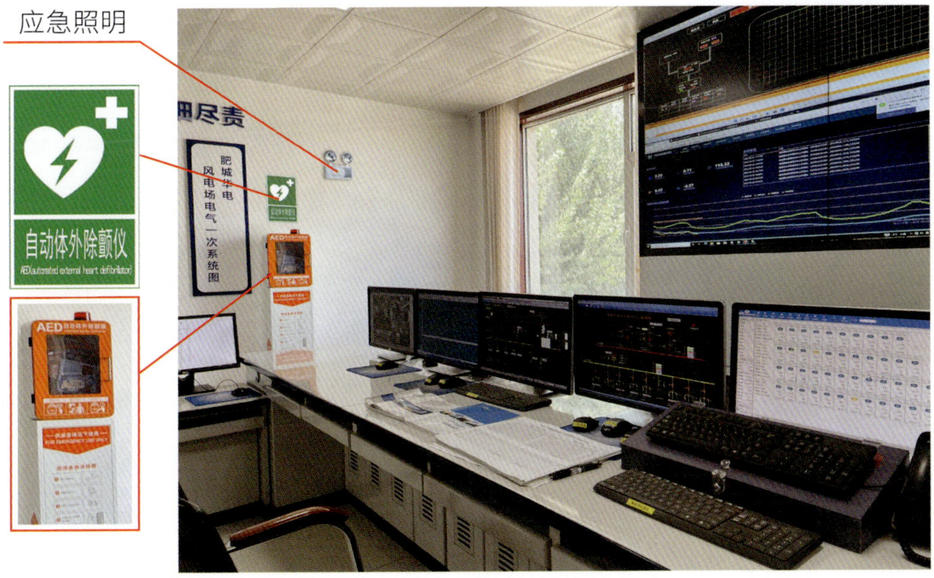

图 5-109　自动体外除颤器配置实例

5.16 消防设施

5.16.1 风电机组的机舱及机舱平台底板下部、塔筒（架）及竖向电缆桥架、塔筒（架）底部设备层、各类电气柜应设置火灾自动探测报警系统，报警信号能远传到控制室，见图 5-110。

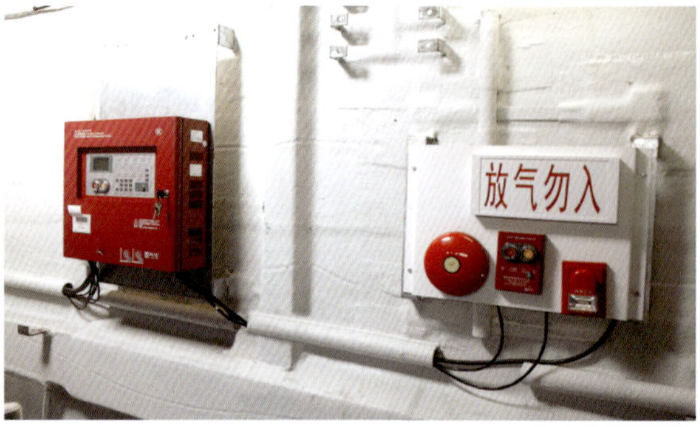

图 5-110 火灾报警控制器实例

5.16.2 风电机组的机舱及机舱平台底板下部、轮毂、塔筒（架）底部设备层、各类电气柜应配置自动灭火装置，见图 5-111。

图 5-111 自动灭火装置实例

5.16.3 室外升压站内应设置消防车道，站内的消防车道宜布置成环形。当周围环境有困难，布设尽端式车道时，应设回车场或回车道，见图 5-112。

图 5-112 室外升压站消防车道实例

5.16.4　生产、行政办公楼内应设置室内消火栓。消火栓箱体前面部位应标注“消火栓”、火警电话、场内火警电话、编号及操作方法等。

5.16.5　场站一般地处比较偏僻的位置，一般无市政消防供水设施，应设置消防水池存蓄消防用水。大中型场站建筑物应设置独立或合用消防给水系统，消防水源应有可靠保证，供水水量和水压应满足最大一次消防灭火用水（室外和室内用水量之和）。

5.16.6　消防水泵应经常充满水，应采用自灌式引水方式，以保证及时启动供水。室外消火栓应根据地域特点加装防冻罩或采取防冻措施，1 m 的范围内应固定地上、地下消火栓标志，标志牌应固定在标志杆上，标志杆的高度宜设为 1.2 m，见图 5-113。

图 5-113　室外消火栓实例

5.16.7　对于容量在 125 MV·A 及以上的大型变压器，应设置火灾探测报警系统和固定灭火系统。固定灭火系统宜采用排油注氮灭火装置和合成泡沫喷淋灭火系统，见图 5-114。

图 5-114　油浸电力变压器排油注氮灭火装置实例

5.16.8　应按消防对象的具体情况设置火灾自动报警装置和专用灭火装置，主控制室、配电室、继电保护室、蓄电池室等处应设置火灾自动探测报警系统，见图 5-115。

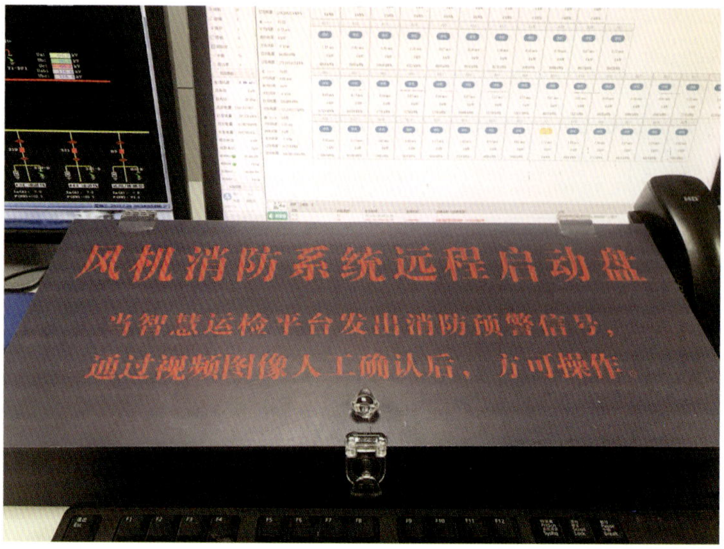

图 5-115　风机灭火装置远程控制装置实例

5.16.9　场站应设置微型消防站，按照规定配备消防服、头盔、胶鞋、灭火毯、强光手电、消防扳手、喊话器、消防斧、防毒面罩、呼吸器、风力灭火机、铁锨、铁扫把等物资。消防沙箱应刷为红色，消防沙箱上部应有白色的“消防沙箱（池）”字样；消防铲、消防桶等消防用具应刷为红色，见图 5-116。

图 5-116　微型消防站实例

5.16.10　场站灭火器配置应符合 GB 50140 的要求。灭火器箱的上方应固定灭火器标志，灭火器箱前面部位应标注“灭火器箱”、火警电话、场内火警电话、编号及灭火器使用方法等，见图 5-117。

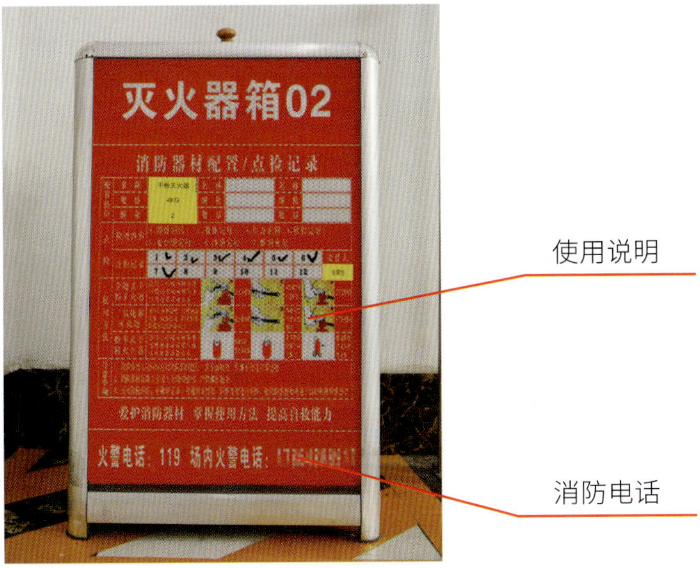

图 5-117　灭火器箱配置实例

5.16.11　灭火器适当位置应贴有“试验合格证”标签，泡沫灭火器应标注“不适用于电火”字样，见图 5-118。

图 5-118　灭火器实例

5.17 防汛设施

5.17.1 场站建筑物（构筑物）应保持完好，无裂纹。建筑物（构筑物）顶棚、门窗不得漏水、渗水，排水设施应完善，并保持畅通无堵塞，见图 5-119。

图 5-119 场站建筑物实例

5.17.2 场址低于百年一遇洪水（内涝）水位，应设置防涝围堤和排涝设施。

5.17.3 位于江、河旁以及滨海的场站，应设置防洪堤。可能遭遇山洪威胁的场站，其挡水、排水设施应可靠，排水畅通。潜水泵工作区域醒目位置应设置“当心落水”“设备带电 禁止靠近”安全标志，见图 5-120。

图 5-120 潜水泵工作区域配置实例

5.17.4　场站应建设防汛物资库，储备一定数量的救生衣、防洪板、防洪沙袋、潜水泵、移动电源、电缆、铁锨、铁锹、防汛沙石等防汛物资。防汛物资置放处应设置“防汛物资 请勿挪用”标志，检验合格的潜水泵应粘贴“试验合格证”，见图 5-121。

图 5-121　防汛物资库实例

5.17.5　风机基础、箱式变压器在地势低洼位置时，应设有排水沟渠。

6　设备检修安全设施配置规范

6.1　检修工作一般安全设施

6.1.1　在检修工作中，将井、坑、孔、洞、沟道盖板取下或拆除固定栏杆时，应装设临时防护栏杆，临时防护遮栏的全部构件应采用性能不低于 Q235-A 的钢材制造，宜涂刷红色和白色相间的条纹。栏杆上应设置“当心坠落”安全标志，夜间应加警示红灯，见图 6-1。检修工作结束后，应及时将盖板恢复。

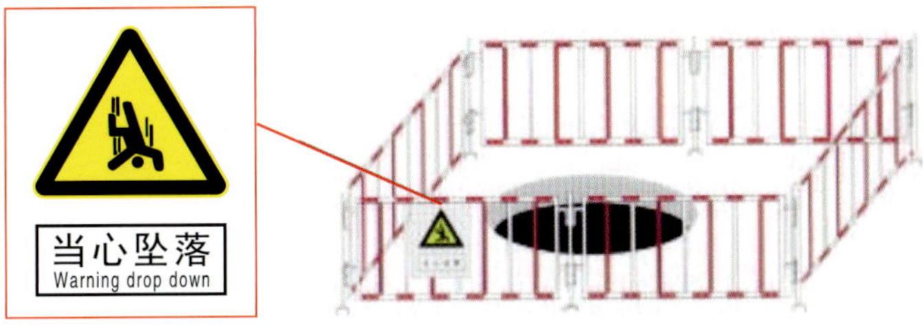

图 6-1　临时防护遮栏应用示意

6.1.2　基坑（槽）临边应装设合格牢固的防护栏杆，防护栏杆应设置“当心坠落”安全标志，夜间应加警示红灯。上下基坑必须设置专用斜道、梯道、扶梯、入坑踏步等攀登设施，作业人员严禁沿坑壁、支撑或乘坐运土工具上下。

6.1.3　登高及高处作业用的支撑架、脚手架、作业层应使用合格材质搭设。高处作业层应装有防护栏杆并搭设牢固，设置悬挂安全带的牢固构件或安全绳，经验收合格后方可使用，使用中严禁超载。

6.1.4　移动平台工作面四周应有不低于 1.2 m 高的护栏，升降机构牢固完好，升降灵活，有明显的荷重标志，严禁超载使用，禁止在不平整的地面上使用。使用时应确保制动和闭锁装置可靠，防止平台移动或升降失控，必要时应采取障碍限位措施，见图 6-2。

图 6-2　移动平台实例

6.1.5　在轻质型材高处作业面（如石棉瓦、铁皮板、采光浪板、装饰板、屋面光伏板等）上作业时，必须搭设临时通道，并在作业面下方装设安全平网或搭设安全防护设施，见图 6-3。

图 6-3　安全平网装设实例

6.1.6 高处作业地点的下方应用围栏设置隔离区，醒目位置设置“工作现场 禁止通行”“禁止停留”“当心落物”安全标志，见图 6-4。人员进出通道口和通行道路上部应设置安全防护棚；无法设置隔离区的应设警戒区，应设专人监护。

图 6-4 高处作业地点下方隔离区实例

6.1.7 动火作业，在有可能因火花飞溅、高温等引发火灾的区域，设置防火带、防火布（毯）、灭火器材，周围应设置临时遮栏，并设专人监护。

6.1.8 在带电高压设备区域内作业，人员及所带的工具与设备带电部位安全距离不符合要求时，应停电或采取隔离措施。

6.1.9 在机械设备上进行维修工作，应切断电源，采取强制制动措施，防止设备突然转动。

6.1.10 大型起重作业必须制订“三措两案”（即组织措施、技术措施、安全措施、施工方案、应急预案），经本单位审批执行。起吊现场必须保证光线和视线良好、照明充足，设置警戒区域并设专人监护，设置“非工作人员 禁止入内”“起重臂下 严禁站人”安全标志。

6.1.11 吊装前必须检查起重机械的安全装置可靠，起重工具的检验合格证在有效期内，吊具、钢丝绳等完好无损。确认吊点承载能力、吊物载重量、捆绑正确牢固、吊装区域内无人、吊运路线无障碍物、与电气设备距离符合安全要求等安全性后，方可起吊。

6.1.12 在有可能产生有害气体的有限空间（地下室或沟道等）入口醒目位置设置“必须戴防毒面具”“注意通风”“未经许可 禁止入内”安全标志；需进入工作前，应通风，并进行有毒气体监测合格后方可进入。

6.2 风电机组检修安全设施

6.2.1 风电机组需停电检修时，应断开断路器和隔离开关，并在操作把手、按钮及机组的启动装置操作把手上，设置“禁止合闸 有人工作”安全标志，见图 6-5。

图 6-5 风电机组停电检修安全标志配置实例

6.2.2 机组检修时应将控制模式切换至“就地”，并在开关（旋钮）处设置“禁止合闸 有人工作”安全标志。

6.2.3 人员进入轮毂时，风机叶片应在顺桨位置，机组主刹车系统锁定，叶轮锁上锁，并在锁定销处设置“禁止操作 有人工作”安全标志，见图 6-6。

图 6-6 锁定销处安全标志配置实例

6.2.4 严禁在检修模式下两支桨叶同时处于工作位置。桨叶编码器支架安装螺栓防松标记线清晰无移位，撞块无变形，防松标记线清晰无移位。

6.2.5 叶片堵板应牢固可靠，满足承载人员要求；进入叶片，必须系好安全带、安全绳，并设专人监护。

6.2.6 从事风电机组塔筒清洗、叶片维修等高处作业，必须在风机停机状态下进行，并将叶轮锁定，做好防止吊篮摆动的措施。工作地点 20 m 直径范围内设置临时警戒区，设置“工作现场 禁止通行”“禁止停留”安全标志。

6.3 光伏电站检修安全设施

6.3.1 光伏方阵、汇流箱、配电柜、逆变器的检修应满足停电、验电、接地，相关操作把手或按钮上应设置“禁止合闸 有人工作”安全标志，并在工作地点设置“在此工作”安全标志。

6.3.2 光伏支架应具有接地连接，作业前进行导通测试。

6.3.3 光伏组件串并入汇流箱时，应采取防止拉弧措施。

6.3.4 检修作业前，应检查采用金属箱体的汇流箱已可靠接地。

6.3.5 检修时，汇流箱的所有开关和熔断器应处于断开状态。

6.3.6 检修时，应断开逆变器中的所有进、出线，工作中有可能触碰的相邻带电设备应采取停电或绝缘遮蔽措施。

6.3.7 堆叠组件时，包装箱上醒目位置张贴最高层数限制标识。

6.4 电化学储能检修安全设施

6.4.1 电池模组、电池簇、电池堆、变流器、升压变压器、辅助变压器检修时，应停止电池堆充放电。

6.4.2 电池簇、电池堆检修时，应拉开该电池堆所有电池簇主控箱出口开关、控制电源开关，应拉开电池簇至汇流柜开关，应拉开汇流柜出口隔离开关，并设置“禁止合闸 有人工作”安全标志。

6.4.3 变流器检修时，应拉开变流器交流断路器，拉开直流侧刀闸，拉开变流器风机电源、控制电源，并设置“禁止合闸 有人工作”安全标志，等待至少 15 min，待中间电路电容器放电完毕。

6.4.4 升压变压器、辅助变压器检修时，应拉开 PCS 仓变压器高压侧负荷开关，应拉开 PCS 仓变压器高压侧隔离开关，应合上 PCS 仓变压器高压侧接地开关，应拉开 PCS 仓变压器低压侧所有变流器交流断路器，应拉开辅助变压器电源侧开关并设置“禁止合闸 有人工作”安全标志。

6.5 电气设备检修安全措施

6.5.1 严禁不具备电气作业资格人员从事电气作业。操作电气设备，必须穿绝缘鞋，戴绝缘手套；严禁在可能接触危险带电部位或电气安全距离不足条件下从事任何作业；严禁擅自解除电气“五防”闭锁装置或移拆安全设施。

6.5.2 室外高压设备小面积停电检修时，应在停电设备周围装设遮栏；遮栏应包围停电设备，在通道边留有出入口，并设置“从此进出”安全标志，在遮栏上面向内悬挂适当数量的“止步 高压危险”安全标志，工作地点醒目位置面向出入口悬挂“在此工作”安全标志。室外高压设备大面积停电检修时，带电设备周围应装设遮栏，不留出入口，在遮栏上面向外悬挂适当数量的“止步 高压危险”安全标志，见图 6-7。

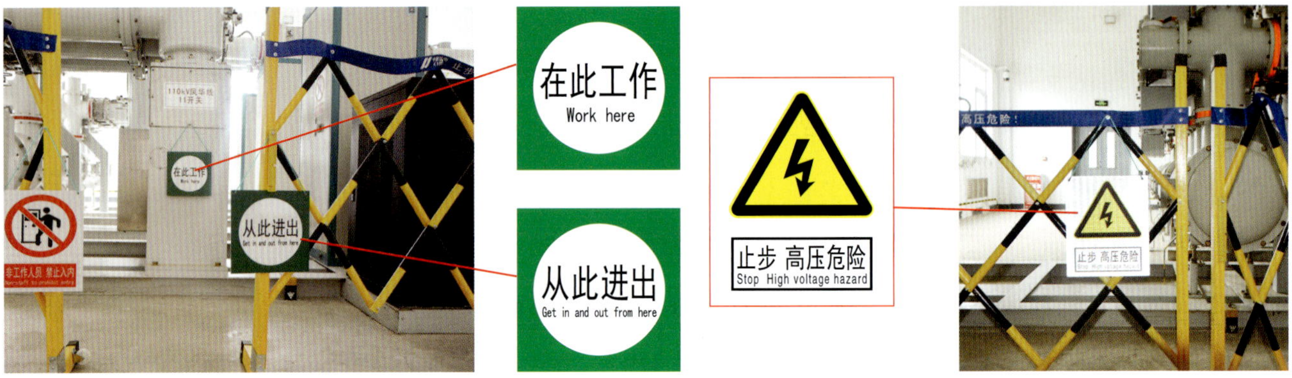

图 6-7 室外高压设备小面积停电检修安全标志配置实例

6.5.3 经合闸即可送电到检修设备（或有清理工作的设备）的断路器和隔离开关操作把手（或操作机构箱）上，必须设置“禁止合闸 有人工作”安全标志。

6.5.4 线路上有人工作，应在线路侧隔离开关的操作把手（或操作机构箱）上应设置“禁止合闸 线路有人工作”安全标志，见图 6-8，并将检修线路进行可靠接地。登杆塔前应对塔架、根部、基础、拉线、桩锚、地脚螺母（螺栓）等进行全面检查。合格后，方可登杆塔作业。线路检修、登高作业必须采取防止人员高处坠落的措施，攀登杆塔必须正确使用双钩安全带。

图 6-8 线路作业时隔离开关安全标志配置实例

6.5.5　在转动设备、高压设备上或附近工作必须设置可靠的隔离措施，进行必要的区域隔离，且在转动设备、高压设备安全区域设置“运行设备”安全标志及醒目隔离标志。

6.5.6　室外架构上工作，应在工作地点邻近带电部分的横梁上，悬挂“止步 高压危险”安全标志；在工作人员上下用的梯子上应悬挂“从此上下”安全标志，见图 6-9。

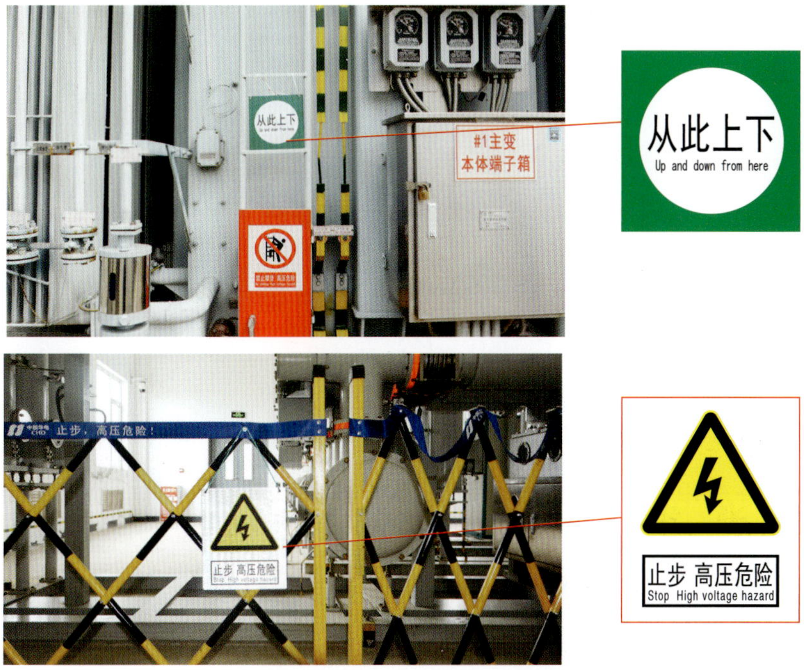

图 6-9　室外架构上工作安全标志配置实例

6.5.7　高压试验工作加压部分与检修部分之间应有明显断开点，根据试验电压必须有足够的安全距离。试验时，检修部分必须接地，方可工作，并在检修区域设置“在此工作”安全标志。在加压区域应装设遮栏或围栏，设置“止步 高压危险”安全标志，见图 6-10，并设专人监护。

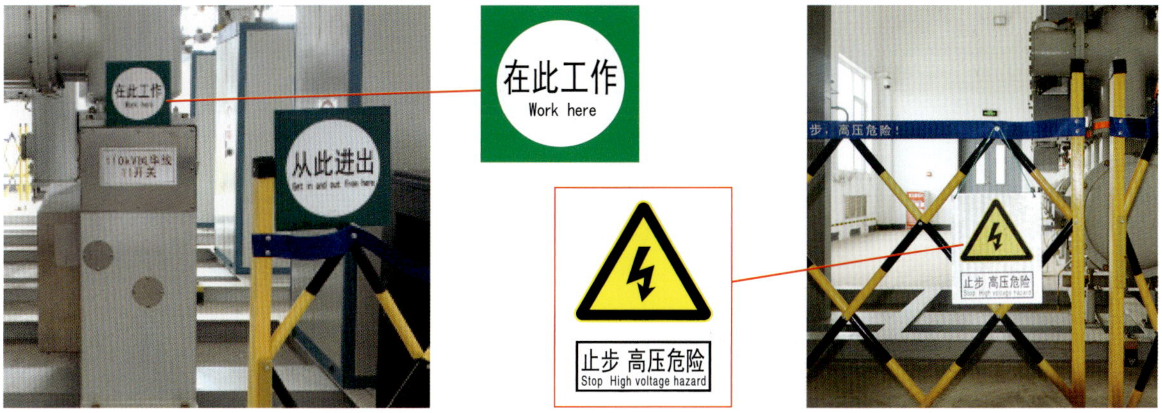

图 6-10　高压试验工作安全标志配置实例

6.5.8　变压器检修时，高、低压侧必须全部停电，并在本体上悬挂“在此工作”安全标志，爬梯口悬挂“从此上下”安全标志，见图 6-11。

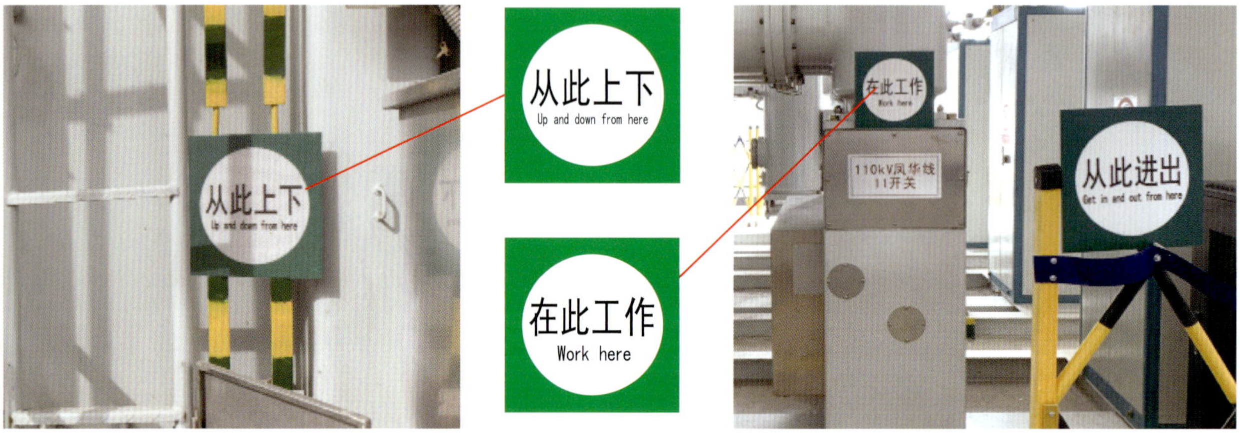

图 6-11　变压器检修安全标志配置实例

6.5.9　对于可能倒送电或产生较高感应电压的停电设备，应将可能来电侧完全断开，按要求对停电设备进行充分放电，在可能来电侧装设接地线，见图 6-12。

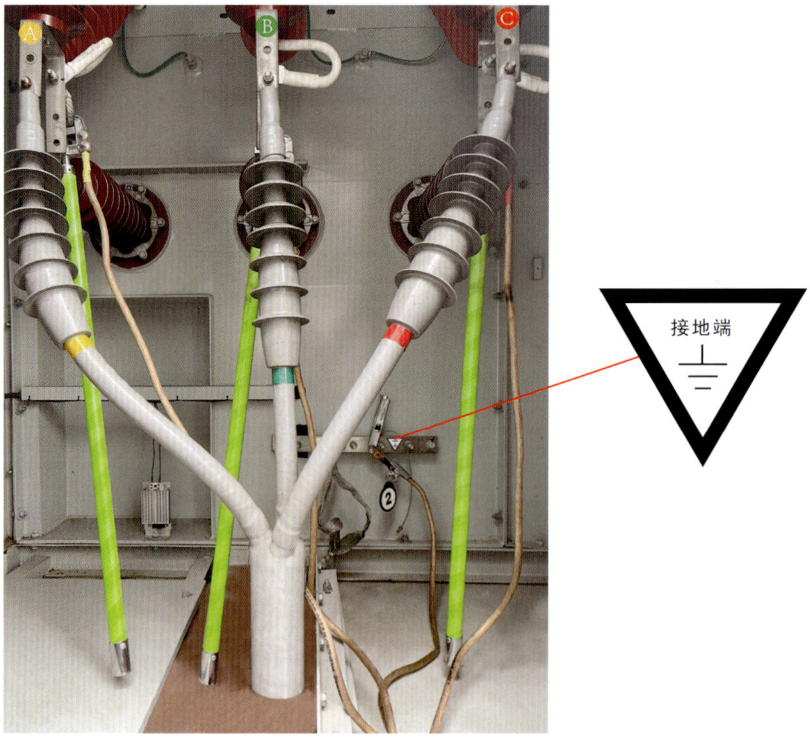

图 6-12　接地线装设实例

6.5.10　停电设备临时装设的接地线，装设位置不明显或无法观察到的，应在装设接地线部位的外面醒目位置设置“此处有临时接地线”安全标志，见图 6-13。

图 6-13　不明显位置装设临时接地线安全标志实例

6.5.11　使用钳形电流表测量时，应戴绝缘手套，并在工作地点设置绝缘垫，工作时站在绝缘垫上，不得触及其他设备，见图 6-14。

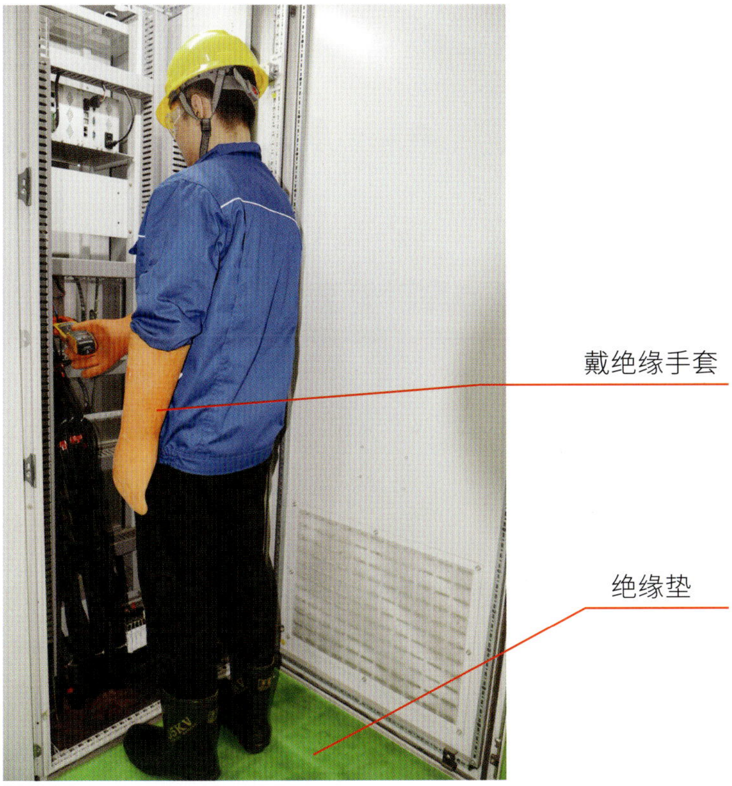

图 6-14　钳形电流表使用实例

6.5.12　装、卸高压熔断器（保险），应穿绝缘鞋、戴绝缘手套和护目眼镜，必要时使用绝缘夹钳，并站在绝缘垫或绝缘台上，见图 6-15。

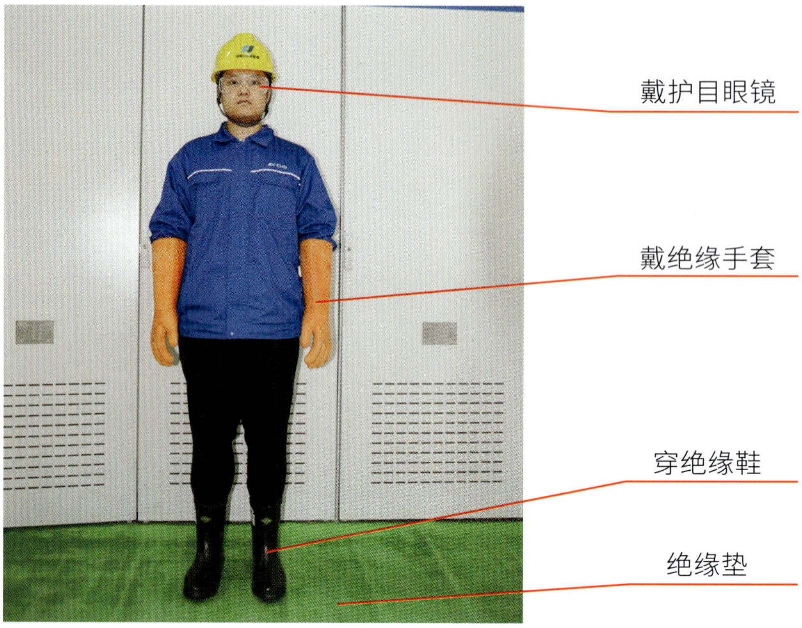

图 6-15　装、卸高压熔断器工作人员防护实例

6.5.13　在低压配电装置和低压导线上的工作应将检修设备各方面的电源断开，并取下熔断器（保险），在隔离操作把手上挂“禁止合闸 有人工作”安全标志，见图 6-16。

图 6-16　在低压配电装置工作安全标志配置实例

6.5.14　同塔双回线路需登塔作业时，应将两条线路全部停电。

6.5.15　GIS 装置检修时应停电，应断开断路器和隔离开关，合上接地开关，并在断路器开关把手、隔离开关把手上设置“禁止合闸 有人工作”安全标志。就地控制柜上，检修开关和刀闸把手上，应设置“禁止合闸 有人工作”安全标志。

6.5.16　GIS 装置停电检修，作业区域周围应设置临时防护遮栏，遮栏出入口处应设置“从此进出”“非工作人员 禁止入内”安全标志，遮栏上面向运行设备区域应设置“止步 高压危险”安全标志。检修工作地点醒目位置，应设置“在此工作”安全标志。

6.6　检修用电安全设施

6.6.1　检修电源箱上应装设紧急停电按钮，并设醒目提示标志，箱门应设置“当心触电”安全标志，箱门内侧或附近宜贴有检修电源箱的接线示意图和使用管理规定，见图 6-17。

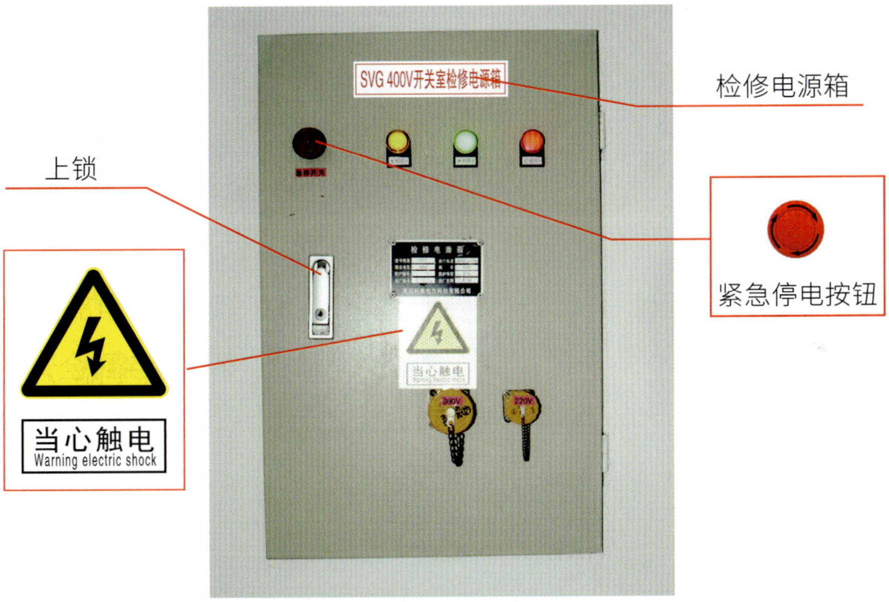

图 6-17　检修电源箱配置实例

6.6.2　检修电源箱外壳应接地良好，设置漏电保护器，满足“一机一闸一保护”要求。

6.6.3　临时电源线宜架空，敷设在地面时，应采取可靠的防水、防碾压等防护措施。

6.6.4　施工场所使用潜水泵抽水时，周围应设置临时围栏，入口处应设置“设备带电 禁止靠近”安全标志。

附录 A（规范性）安全标志（标签）的规格和类型

A.1 单独的安全标志

如果安全标志仅由单独一个安全标志构成，则该安全标志的构图应符合 GB/T 2893.1 所规定的安全标志的形状和颜色。警告、禁止、指令和提示安全标志的构图，见图 A.1。

图 A.1 警告、禁止、指令和提示安全标志的构图

安全标志有效作用区的大小取决于距离因数 Z_0 和安全标志的高度尺寸 h。安全标志的最大观察距离在通过标志中心且垂直于标志的直线上，最大观察距离按式（1）计算：

$$L=Z_0h \tag{1}$$

式中：

L——最大观察距离，单位为毫米（mm）；

Z_0——观察位置位于通过安全标志中心法线上的距离因数，距离因数 Z_0 的数值受到标志表面垂直照度、预期使用人群的视敏度等诸多条件的影响；

h——标志高度，单位为毫米（mm）。

A.2 带有辅助安全信息文字区的组合安全标志

当安全标志由独立的安全标志和独立的辅助安全信息区构成时，辅助安全信息区中的附加信息应以文字的形式对安全标志的含义进行补充或说明。辅助安全信息区的形状应为长方形，辅助安全信息区应位于安全标志的下方。

A.2.1 禁止标志

A.2.1.1 禁止标志的基本型式是一长方形的衬底牌，上方是圆形带斜杠的禁止标志，下方为矩形文字辅助标志。图形上、中、下间隙相等，左、右间隙相等。长方形衬底为白色，圆形和斜杠为红色，禁止标志符号为黑色。文字辅助标志衬底为红色，字为白色黑体字。

A.2.1.2　禁止标志牌的制图标准，见图 A.2，其中 α=45°，其他制图参数见表 A.1。

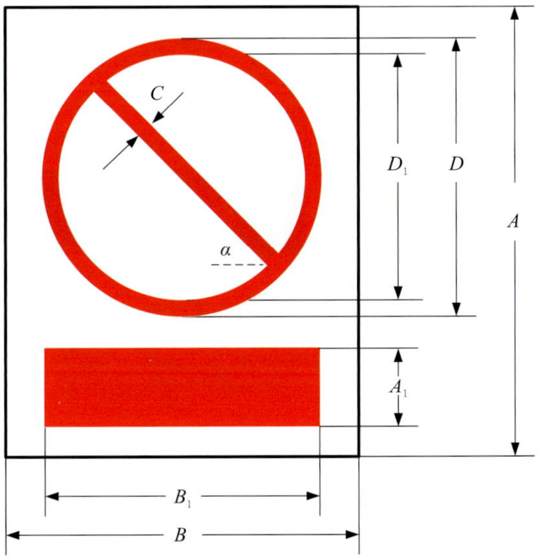

图 A.2　禁止标志的制图标准

表 A.1　禁止标志的制图参数（α=45°）　单位：mm

型号	观察距离	A	B	A_1	D（B_1）	D_1	C
1	$0 < L \leqslant 2500$	120	100	28	70	$0.8D$	$0.08D$
2	$2500 < L \leqslant 4000$	180	150	41	110	$0.8D$	$0.08D$
3	$4000 < L \leqslant 6300$	290	240	67	175	$0.8D$	$0.08D$
4	$6300 < L \leqslant 10000$	460	370	106	280	$0.8D$	$0.08D$
5	$10000 < L \leqslant 16000$	740	600	170	450	$0.8D$	$0.08D$
6	$16000 < L \leqslant 25000$	1150	920	265	700	$0.8D$	$0.08D$
7	$25000 < L \leqslant 40000$	1820	1460	419	1110	$0.8D$	$0.08D$

注：局部信息标志设 1 型、2 型或 3 型；车间内设 4 型或 5 型；车间入口处、厂区内和工地内设 5 型或 6 型；工地、工厂等的入口处设 6 型或 7 型。

A.2.1.3　禁止标志的色彩图例和标准色设置，见图 A.3。

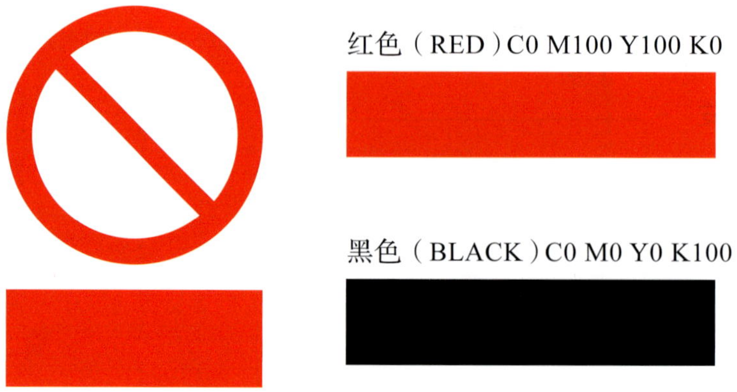

图 A.3　禁止标志色彩图例和标准色

A.2.1.4　禁止标志的应用，见图 A.4。

图 A.4　禁止标志的应用

图 A.4 禁止标志的应用（续）

图 A.4　禁止标志的应用（续）

A.2.2　警告标志

A.2.2.1　警告标志的基本型式是一长方形衬底，上方是正三角形警告标志，下方为矩形文字辅助标志。图形上、中、下间隙相等，左、右间隙相等。长方形衬底为白色，正三角形及标志符号为黑色，衬底为黄色。文字辅助标志为白底黑框，字为黑色黑体字。

A.2.2.2　警告标志的制图标准，见图 A.5，制图参数见表 A.2。

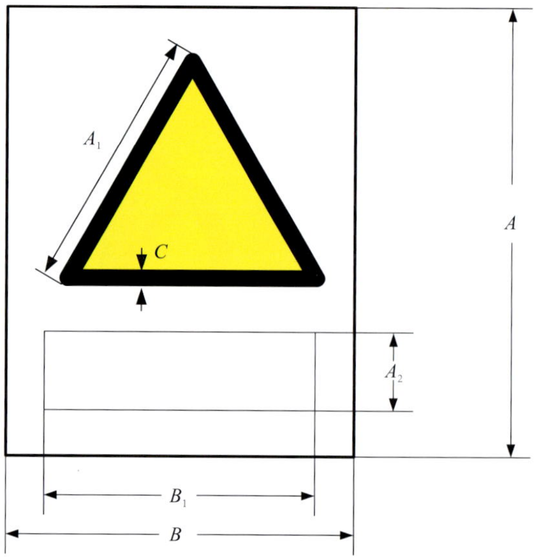

图 A.5　警告标志的制图标准

表 A.2　　　　警告标志的制图参数　　　　单位：mm

型号	观察距离	A	B	B_1（A_1）	A_2	C
1	$0 < L \leqslant 2500$	120	100	88	35	$0.06A_1$
2	$2500 < L \leqslant 4000$	180	150	142	53	$0.06A_1$
3	$4000 < L \leqslant 6300$	290	240	220	83	$0.06A_1$
4	$6300 < L \leqslant 10000$	460	370	350	133	$0.06A_1$
5	$10000 < L \leqslant 16000$	740	600	560	212	$0.06A_1$
6	$16000 < L \leqslant 25000$	1150	920	880	334	$0.06A_1$
7	$25000 < L \leqslant 40000$	1820	1460	1400	529	$0.06A_1$

注：局部信息标志设 1 型、2 型或 3 型；车间内设 4 型或 5 型；车间入口处、厂区内和工地内设 5 型或 6 型；工地、工厂等的入口处设 6 型或 7 型。

A.2.2.3　警告标志的色彩图例和标准色设置，见图 A.6。

图 A.6　警告标志色彩图例和标准色

A.2.2.4　警告标志的应用，见图 A.7。

图 A.7　警告标志的应用

A.2.3　指令标志

A.2.3.1　指令标志的基本型式是一长方形衬底，上方是圆形的指令标志，下方为矩形文字辅助标志。图形上、中、下间隙相等，左、右间隙相等。长方形衬底为白色，圆形衬底为蓝色，标志符号为白色。文字辅助标志衬底为蓝色，字为白色黑体字。

A.2.3.2　指令标志的制图标准，见图 A.8，制图参数见表 A.3。

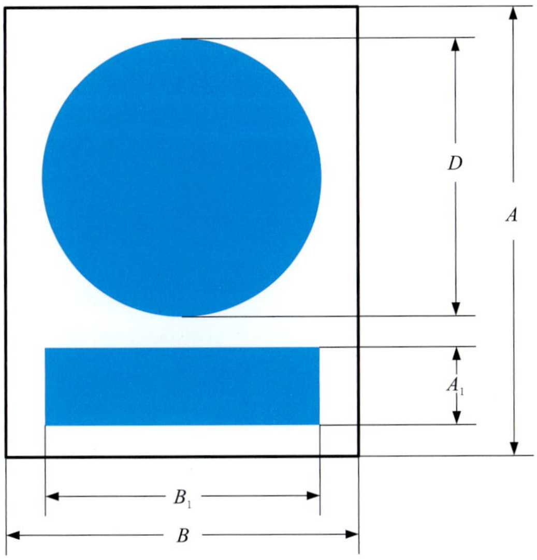

图 A.8　指令标志的制图标准

表 A.3　指令标志的制图参数　单位：mm

型号	观察距离	A	B	A_1	D（B_1）
1	$0 < L \leqslant 2500$	120	100	28	70
2	$2500 < L \leqslant 4000$	180	150	41	110
3	$4000 < L \leqslant 6300$	290	240	67	175
4	$6300 < L \leqslant 10000$	460	370	106	280
5	$10000 < L \leqslant 16000$	740	600	170	450
6	$16000 < L \leqslant 25000$	1150	920	265	700
7	$25000 < L \leqslant 40000$	1820	1460	419	1110

注：局部信息标志设 1 型、2 型或 3 型；车间内设 4 型或 5 型；车间入口处、厂区内和工地内设 5 型或 6 型；工地、工厂等的入口处设 6 型或 7 型。

A.2.3.3　指令标志的色彩图例和标准色设置，见图 A.9。

图 A.9　指令标志色彩图例和标准色

A.2.3.4 指令标志的应用，见图 A.10。

图 A.10 指令标志的应用

A.2.4 提示标志

A.2.4.1 文字辅助信息居中的提示标志

A.2.4.1.1 文字辅助信息居中的提示标志的基本型式是一正方形衬底，内为圆形提示标志，四周间隙相等。正方形衬底为绿色，圆形为白色，字为黑色黑体字。

A.2.4.1.2 文字辅助信息居中的提示标志的制图标准，见图 A.11，制图参数见表 A.4。

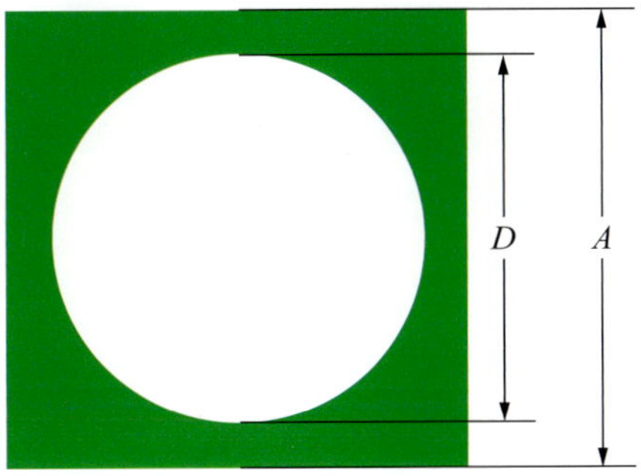

图 A.11 文字辅助信息居中的提示标志的制图标准

表 A.4 文字辅助信息居中的提示标志的制图参数 单位：mm

型号	观察距离	*A*	*D*
1	$0 < L \leqslant 2500$	63	50
2	$2500 < L \leqslant 4000$	100	80
3	$4000 < L \leqslant 6300$	160	128
4	$6300 < L \leqslant 10000$	250	200
5	$10000 < L \leqslant 16000$	400	320
6	$16000 < L \leqslant 25000$	630	504
7	$25000 < L \leqslant 40000$	1000	800

注：局部信息标志设 1 型、2 型或 3 型；车间内设 4 型或 5 型；车间入口处、厂区内和工地内设 5 型或 6 型；工地、工厂等的入口处设 6 型或 7 型。

A.2.4.1.3 文字辅助信息居中的提示标志的色彩图例和标准色设置，见图 A.12。

图 A.12 文字辅助信息居中的提示标志色彩图例和标准色

A.2.4.1.4　文字辅助信息居中的提示标志的应用，见图 A.13。

图 A.13　文字辅助信息居中的提示标志的应用

A.2.4.2　文字辅助信息在下方的提示标志

A.2.4.2.1　文字辅助信息在下方的提示标志的基本型式是一正方形衬底，正方形衬底为绿色。标志符号为白色，图形上、中、下间隙相等。文字辅助标志衬底为绿色，字为白色黑体字。

A.2.4.2.2　文字辅助信息在下方的提示标志的制图参数见表 A.5。

表 A.5　　文字辅助信息在下方的提示标志的制图参数　　单位：mm

型号	正方形标志的边长 *a*
1	63
2	100
3	160
4	250
5	400
6	630
7	1000

A.2.4.2.3　文字辅助信息在下方的提示标志的应用，见图 A.14。

图 A.14　文字辅助信息在下方的提示标志的应用

A.2.4.3　导向标志

A.2.4.3.1　导向箭头标志为正方形，箭头方向可根据现场实际情况选择，标志的尺寸可根据相对应的图形符号标志或文字辅助标志的尺寸确定，应用见图 A.15。

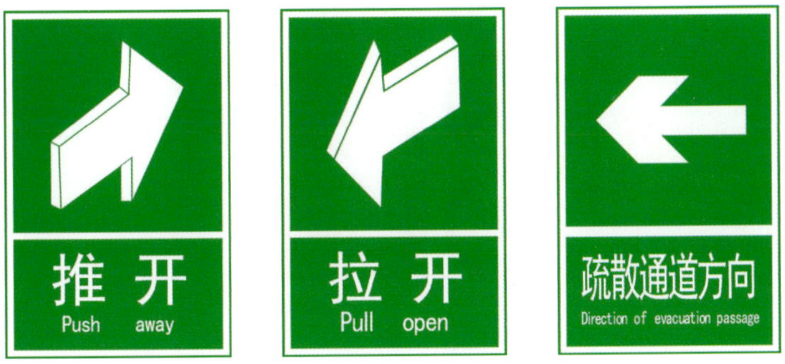

图 A.15　导向箭头标志的应用

A.2.4.3.2　导向组合标志由导向箭头、标志符号、文字辅助标志组成，为三个正方形（尺寸参照表 A.5）横向排列组成的长方形。箭头方向可根据现场实际情况选择，标志的尺寸可根据相对应的图形符号标志或文字辅助标志的尺寸确定，应用见图 A.16。

图 A.16　导向组合标志的应用

A.3　集合安全标志

当特定位置需要多个安全标志才能传达完整的安全信息时，多个安全标志及其辅助文字位于同一矩形载体上，形成带有辅助文字的表达多个安全信息的集合安全标志。集合安全标志中，每个安全标志都应与其辅助文字有清晰的相关性，安全信息之间应具有清晰的间隔，应用见图 A.17。

a）安全标志横向排列示例

b）安全标志纵向排列示例

图 A.17　集合安全标志的应用

c）带设备名称的安全标志示例

注：外围的黑色边线示意的是标志载体边界，不是集合标志图形的组成部分。

图 A.17　集合安全标志的应用（续）

A.4　安全标签

A.4.1　安全标签中应包含一个或多个安全标志。安全标签可伴有一个或多个辅助安全信息区及一个危险程度区。辅助安全信息区应由文字或辅助安全信息符号组成。

A.4.2　当安全标签中包含危险程度区时，应使用颜色表示出危险程度区所对应的风险等级。高等级风险为红底白字，警示语为危险；中等级风险为橙底黑字，警示语为警告；低等级风险为黄底黑字，警示语为注意，应用见图 A.18。

a）集装箱式 SVG 装置各柜门锁处的安全标签

图 A.18　安全标签的应用

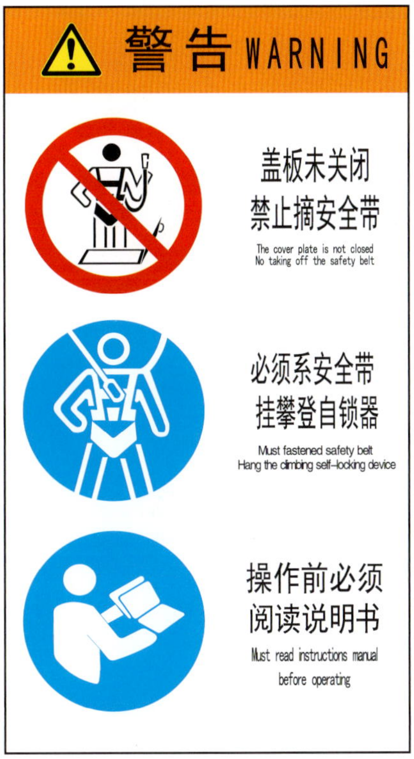

b）风电机组爬梯或免爬器防坠落装置上的安全标签

c）风电机组就地变桨操作按钮处的安全标签

d）箱式变压器高压侧柜门锁处的安全标签

图 A.18 安全标签的应用（续）

附录 B（规范性）
设备标志及安全工器具的规格和类型

B.1 风力（光伏）发电设备标志

风力(光伏)发电设备标志的制图标准及示例见图 B.1，制图参数见表 B.1。

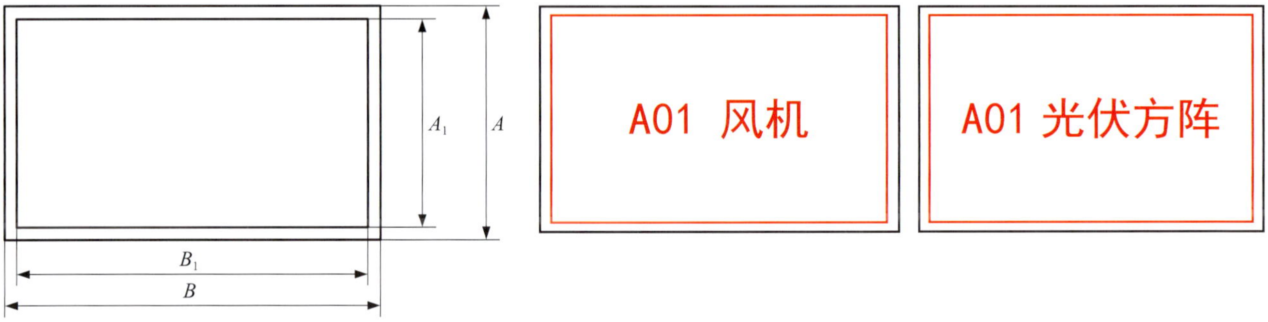

图 B.1 风力(光伏)发电设备标志的制图标准及示例

表 B.1 风力（光伏）发电设备标志的制图参数 单位：mm

型号	B	A	B_1	A_1
1	700	500	650	450
2	600	450	550	400
3	500	400	460	360

注：根据设备的尺寸选取适合的型号。

B.2 断路器标志

断路器标志的制图标准及示例见图 B.2，制图参数见表 B.2。

图 B.2 断路器标志的制图标准及示例

表 B.2　断路器标志的制图参数　单位：mm

B	A	B_1	A_1
320	220	288	188

B.3　隔离开关、柱上开关标志

隔离开关、柱上开关标志的制图标准及参数同 B.2。

B.4　电流互感器、电压互感器、避雷器、耦合电容器标志

电流互感器、电压互感器、避雷器、耦合电容器标志的制图标准及参数同 B.2。

B.5　控制箱、端子箱标志

控制箱、端子箱标志的制图标准及参数同 B.2。

B.6　接地开关标志

接地开关标志的制图标准及参数同 B.2，黑色边框，字体颜色为黑色，示例见图 B.3。

图 B.3　接地开关标志示例

B.7　母线名称标志

母线名称标志的制图标准及参数同 B.1，示例见图 B.4。

图 B.4　母线名称标志示例

B.8　变压器标志

变压器标志的制图标准及示例见图 B.5，制图参数见表 B.3。

图 B.5　变压器（电抗器等）标志的制图标准及示例

表 B.3　　变压器（电抗器等）标志的制图参数　　单位：mm

型号	B	A	B_1	A_1
1	300	200	268	168
2	400	300	364	264
3	500	400	460	360

注：根据设备的尺寸选取适合的型号。

B.9　室内配电装置标志

室内配电装置标志的制图标准及示例见图 B.6，制图参数见表 B.4。

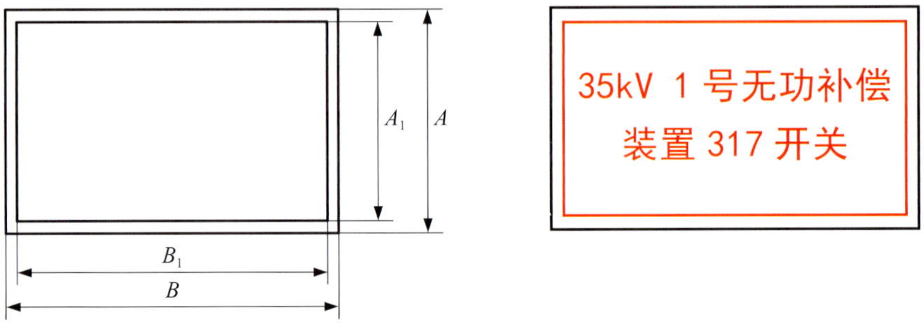

图 B.6　室内配电装置标志的制图标准及示例

表 B.4　　室内配电装置标志的制图参数　　单位：mm

型号	B	A	B_1	A_1
1	200	160	176	136
2	180	144	160	124
3	150	120	134	104

注：根据设备的尺寸选取适合的型号。

B.10　控制、保护、交（直）流、电能、远动等盘（柜）标志

控制、保护、交（直）流、电能、远动等盘（柜）标志按屏楣尺寸设置，示例见图 B.7。

图 B.7　单台屏（柜）标志示例

B.11　开关柜、控制柜（盘）、保护柜上仪表、按钮、指示灯、转换开关标志

开关柜、控制柜（盘）、保护柜上仪表、按钮、指示灯、转换开关标志的尺寸可根据现场实际情况设定。

B.12 电缆标志

电缆标志的制图标准、参数及示例，见图 B.8。

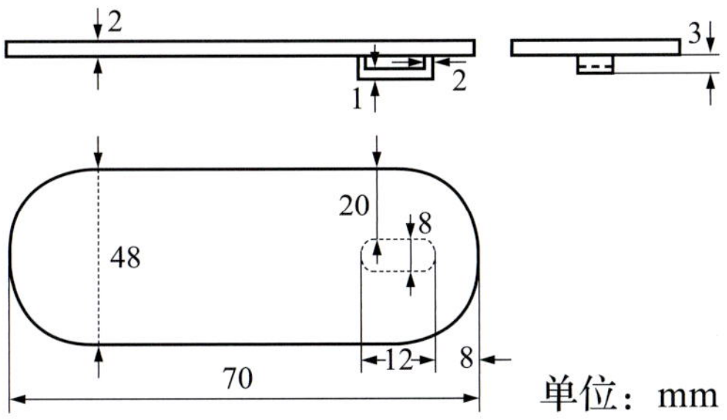

a）电力电缆标志的制图标准及参数

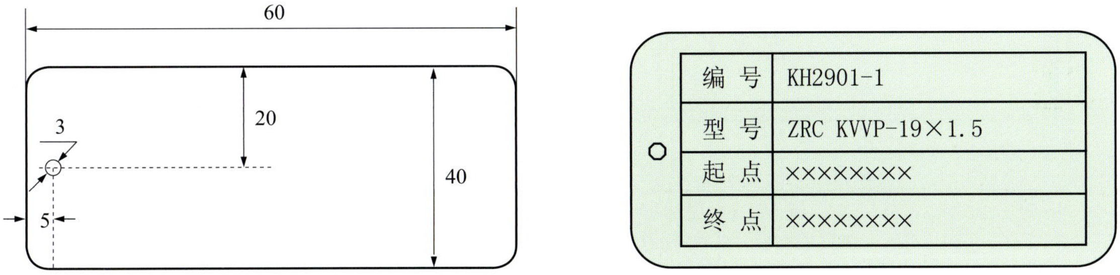

注：单位为 mm，标志牌厚度为 2mm。

b）控制及普通电缆标志的制图标准及示例

图 B.8 电缆标志的制图标准及示例

B.13 线路（母线）相位标志

线路（母线）相位标志的样式、标准色及制图标准见图 B.9，制图参数见表 B.5。

a）线路（母线）相位标志的样式及其标准色

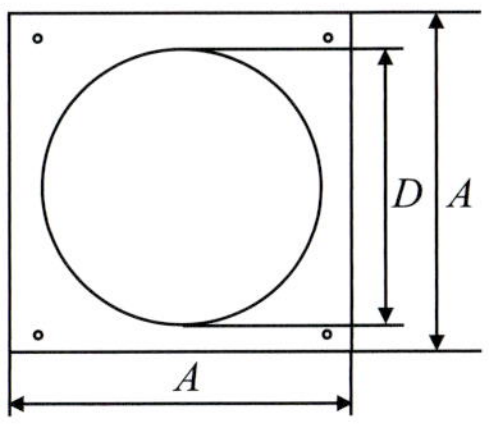

b）线路（母线）相位标志的制图标准

图 B.9 线路（母线）相位标志

表 B.5　　线路（母线）相位标志的制图参数　　单位：mm

电压（kV）	*D*	*A*
35 ~ 110	160	200
220 ~ 500	300	340

B.14　建筑物标志

建筑物标志的制图标准及示例见图 B.10，制图参数见表 B.6，也可根据实际情况，做成长方形标志牌固定在门楣上，尺寸根据实际确定。

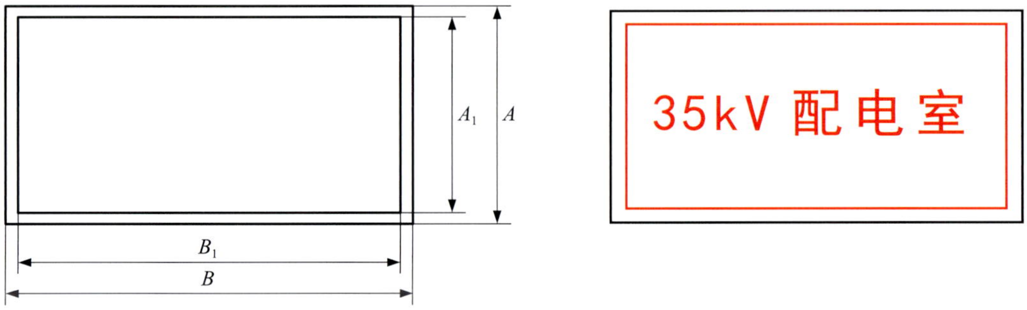

图 B.10　升压站内电气设备标志的制图标准及示例

表 B.6　　升压站内电气设备标志的制图参数　　单位：mm

型号	*B*	*A*	B_1	A_1
1	500	400	460	360
2	400	300	364	264
3	200	100	190	90

注：根据设备的尺寸选取适合的型号。

B.15　安全工器具

安全工器具试验合格证标志见图 B.11，接地线及存放地点标志见图 B.12。

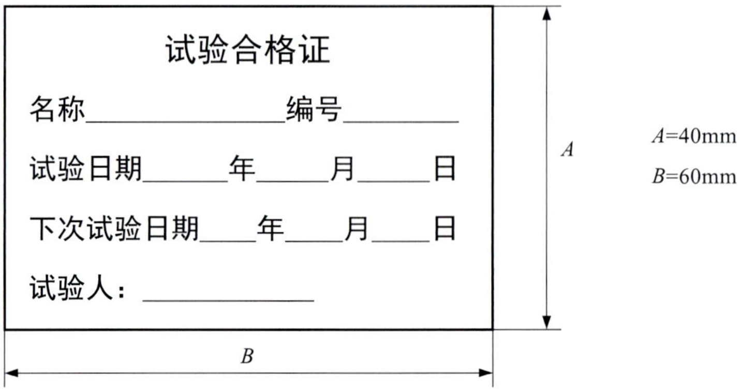

图 B.11　安全工器具试验合格证标志

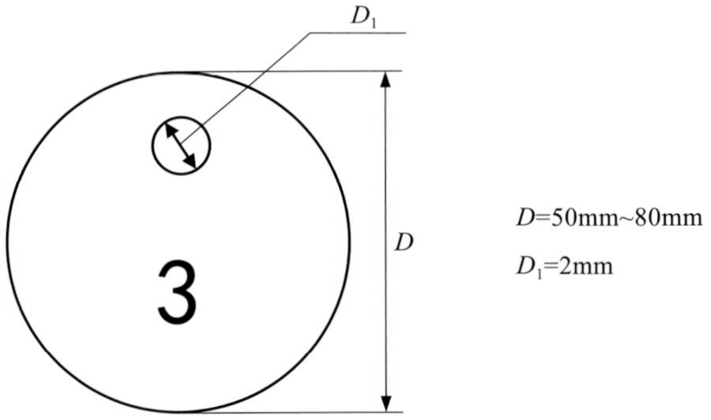

a）接地线标志

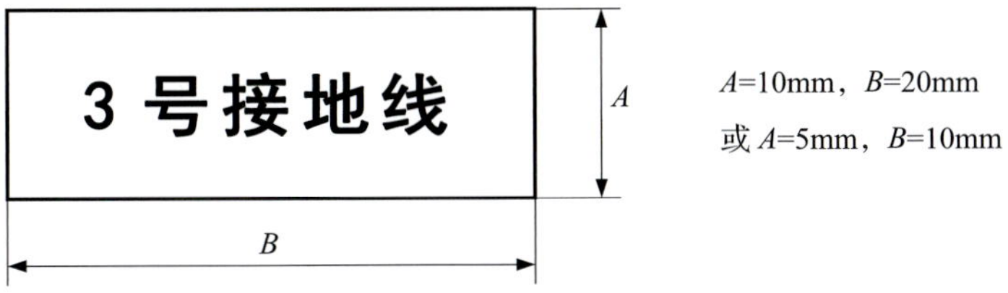

b）接地线存放地点标志

图 B.12　接地线及存放地点标志

B.16　地线接地端标志

地线接地端标志为正三角形，黑色边框，字为黑色黑体字，制图标准及参数见图 B.13 和表 B.7。

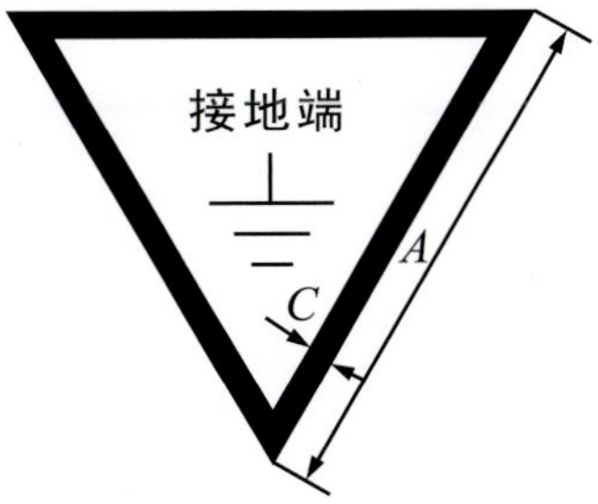

图 B.13　地线接地端标志的制图标准

表 B.7　　地线接地端标志的制图参数　　单位：mm

型号	*A*	*C*
1	200	20
2	100	10

注：根据现场情况选取适合的型号。

B.17　阀门标志

带三角顶部矩形阀门标志的制图标准及参数，见图 B.14。

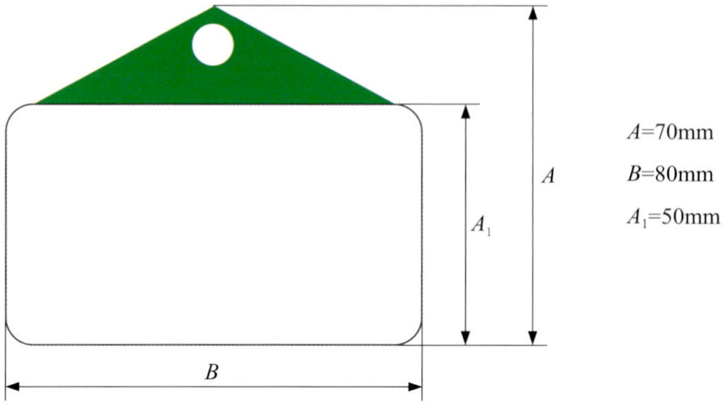

图 B.14　带三角顶部矩形阀门标志的制图标准及参数

B.18　管道标识

管道的介质名称和介质流向箭头的位置及形状见图 B.15，图中的尺寸数值见表 B.8。介质名称和介质流向箭头可用黑色或白色油漆涂刷；介质名称可用全称或化学符号标识；当介质流向有两种可能时，应标出两个方向的流向箭头，介质流向箭头的尖角为 60°；对于外径小于 76 mm 的管道，当在管道上直接涂刷介质名称及介质流向箭头不易识别时，可在需要识别的部位挂设标牌，标牌上应标明介质名称，并使标牌的指向尖角指向介质流向。

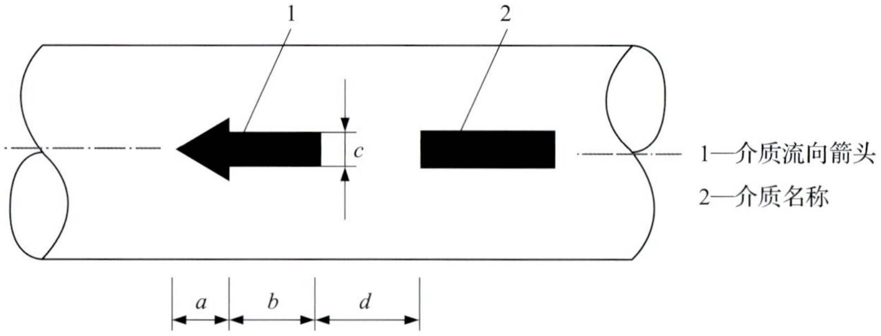

图 B.15　管道的介质名称和介质流向箭头的位置及形状

表 B.8　管道的介质名称和介质流向箭头尺寸　单位：mm

管道外径或保温层外径	a	b	c	d
≤ 100	40	60	30	100
101 ~ 200	60	90	45	100
201 ~ 300	80	120	60	150
301 ~ 500	100	150	75	150
> 500	120	180	90	200

B.19　消防安全重点部位标志

消防安全重点部位标志参数同表 B.1，示例见图 B.16。

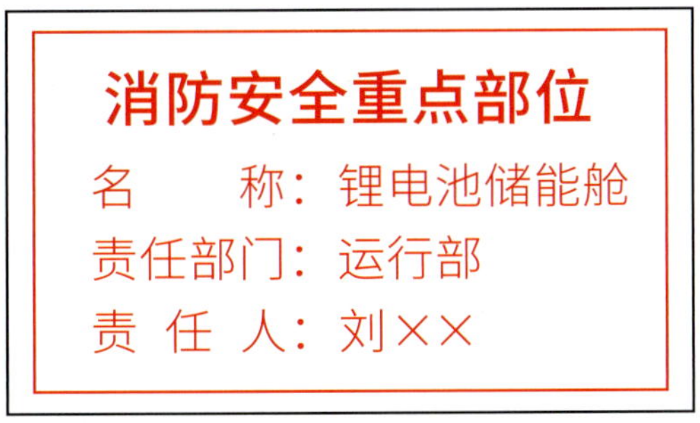

图 B.16　消防安全重点部位标志示例

B.20　标高荷重标志

标高荷重标志参数同表 B.1，示例见图 B.17。

图 B.17　标高荷重标志示例

附录 C（规范性）安全标线的规格和类型

C.1 安全标线的一般要求

根据需要，安全警示线可采用直接喷涂、制成色带或用带颜色的瓷瓦等方式设置。

C.2 禁止阻塞线

禁止阻塞线为等宽的黄色的条纹，色条的宽为 100 mm，倾斜约 45°，示例见图 C.1。

图 C.1 禁止阻塞线示例

C.3 减速提示线

减速提示线为等宽的黄色和黑色相间的条纹，色条的宽为 100 mm，倾斜约 45°，示例见图 C.2。

图 C.2 减速提示线示例

C.4 安全警戒线

安全警戒线为黄色，色条宽为 100 mm~150 mm，示例见图 C.3。

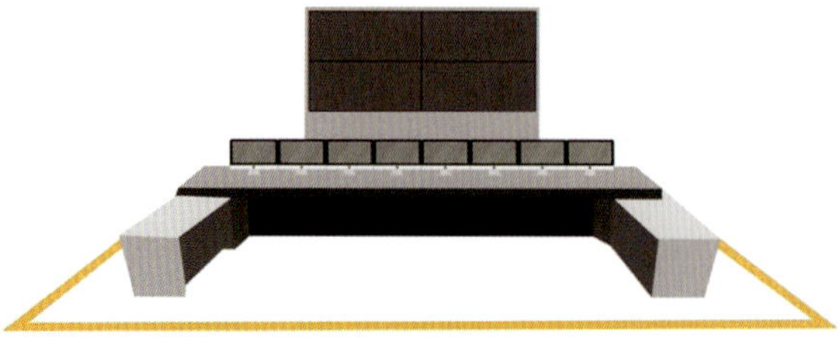

图 C.3 安全警戒线示例

C.5 防止踏空线

防止踏空线为黄色，色条宽为 150 mm，示例见图 C.4。

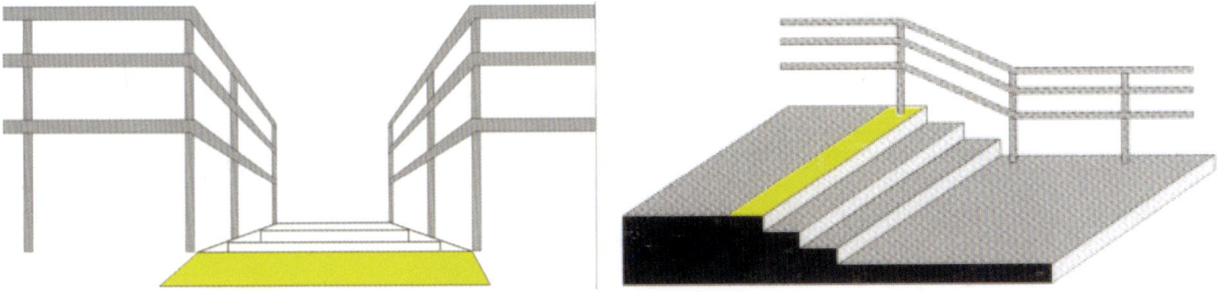

图 C.4 防止踏空线示例

C.6 防止碰头线

防止碰头线为等宽的黄色和黑色相间的条纹，色条宽为 100 mm，倾斜约 45°，示例见图 C.5。

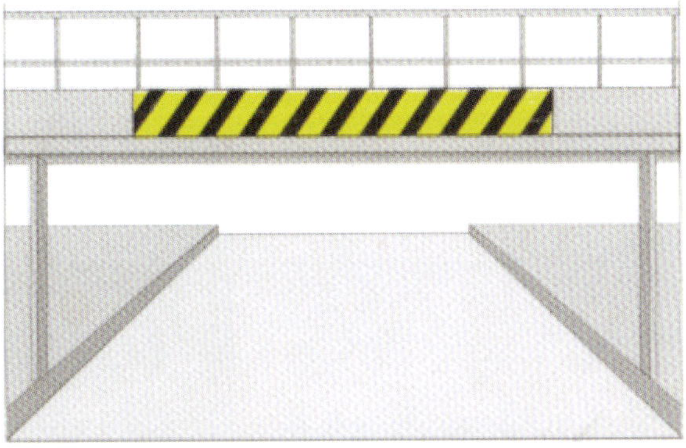

图 C.5 防止碰头线示例

C.7 防止绊跤线

防止绊跤线为等宽的黄色和黑色相间的条纹，色条的宽为 100 mm，示例见图 C.6。

图 C.6 防止绊跤线示例

C.8 接地装置警示线

接地装置警示线为等宽的绿色和黄色相间的条纹，色条的宽为 15 mm~100 mm，示例见图 C.7。

图 C.7 接地装置警示线示例

附录 D（规范性）消防标志的规格和类型

D.1 消防标志

消防标志的制图标准见图 D.1，制图参数见表 D.1，应用见图 D.2。

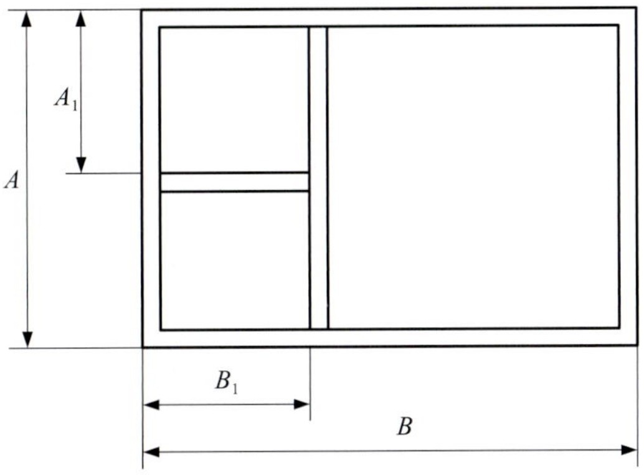

图 D.1 消防标志的制图标准

表 D.1 消防标志的制图参数 单位：mm

型号	观察距离	B	A	B_1（A_1）
1	$0 < L \leqslant 2500$	120	80	39
2	$2500 < L \leqslant 4000$	170	110	53
3	$4000 < L \leqslant 6300$	260	170	83
4	$6300 < L \leqslant 10000$	400	270	131
5	$10000 < L \leqslant 16000$	630	420	205

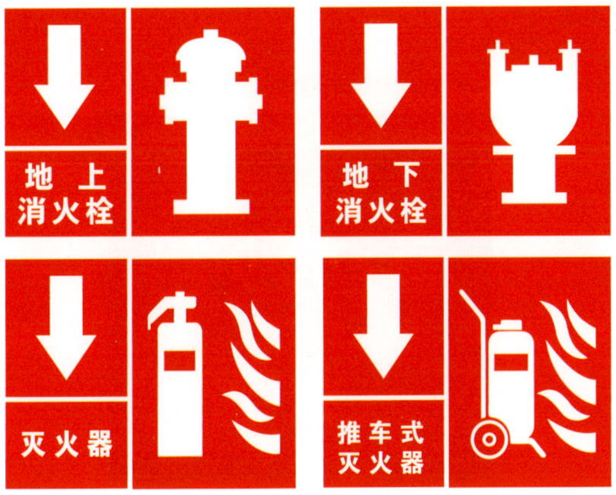

图 D.2 消防标志的应用

D.2 消火栓箱

安装有玻璃或其他透明材料的消火栓箱箱门标志示意见图 D.3。

图 D.3 安装有玻璃或其他透明材料的消火栓箱箱门标志示意

D.3 灭火器箱

灭火器箱前面部标志示意见图 D.4。

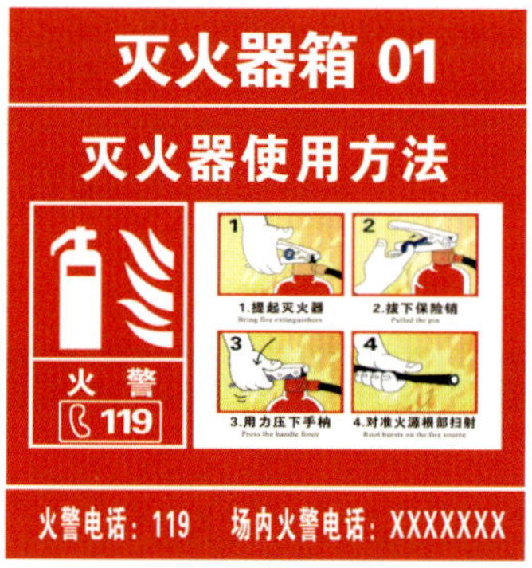

图 D.4 灭火器箱前面部标志示意

D.4 消防沙箱

消防沙箱标志示意见图 D.5。

图 D.5 消防沙箱标志示意

附录 E（规范性）场内交通标志的规格和类型

E.1 禁令标志

除个别标志外，多数禁令标志为白底、红圈、红杠、黑图案，图案压杠，形状多为圆形。交通禁令标志的制图标准见图 E.1，制图参数见表 E.1，应用见图 E.2。

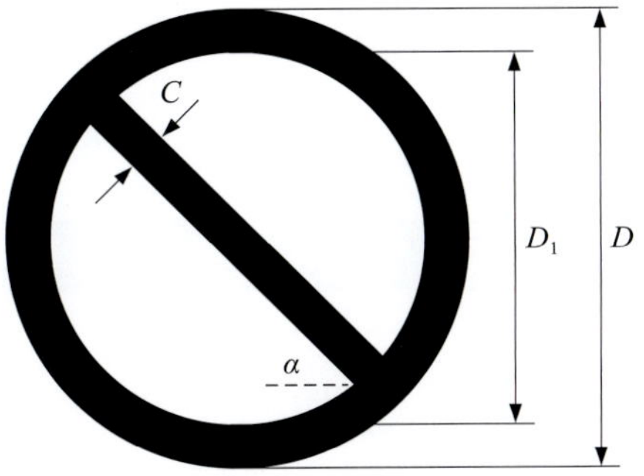

图 E.1 交通禁令标志的制图标准

表 E.1 交通禁令标志的制图参数

型号	D（mm）	D_1（mm）	C（mm）	α
1	600	480	0.08D	45°
2	400	320	0.08D	45°

注：根据现场车速选取标志的型号。

a）限制高度标志 b）限制质量标志 c）限制速度标志 d）禁止驶入标志

e）停车检查标志 f）禁止向左转弯标志 g）禁止向右转弯标志

图 E.2 交通禁令标志的应用

E.2　警告标志

交通警告标志的制图标准见图 E.3，制图参数见表 E.2，应用见图 E.4。

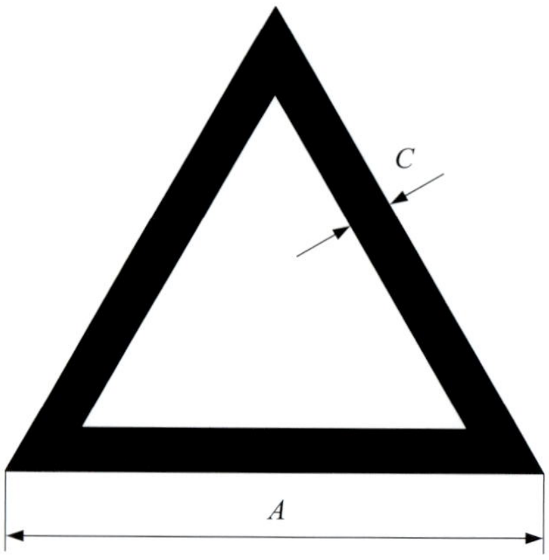

图 E.3　交通警告标志的制图标准

表 E.2　交通警告标志的制图参数　单位：mm

型号	*A*	*C*
1	700	50
2	400	29

注：根据现场车速选取标志的型号。

a）十字交叉标志

b）T 字形道路交叉标志

c）Y 形路口标志　d）环形道路交叉标志　e）注意行人标志

图 E.4　交通警告标志的应用

E.3 指示标志

圆形交通指示标志的制图标准见图 E.5，制图参数见表 E.3，应用见图 E.6。

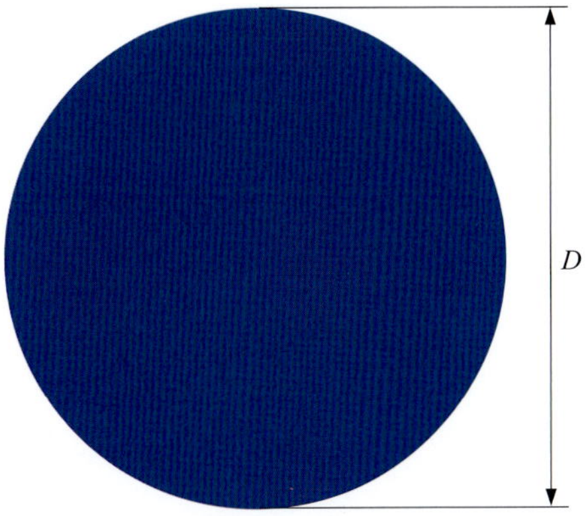

图 E.5 交通指示标志的制图标准

表 E.3 交通指示标志的制图参数 单位：mm

型号	D
1	600
2	400

注：根据现场车速选取标志的型号。

a）直行标志 b）向左转弯标志 c）向右转弯标志

图 E.6 交通指示标志的应用

E.4 指路标志

一般道路的指路标志为蓝底白图案，示例见图 E.7。

图 E.7 指路标志的应用